FVSR

Fachverlag für Steuern und Recht GmbH

Dipl.-Kfm. Elmar Goldstein

DATEV Buchhaltung im Überblick

- So buchen Sie richtig Buchhaltungsprogramme
- Umsatzsteuer-Voranmeldungen
- Betriebswirtschaftliche Auswertungen
- DATEV Hotline-Nummern
- Kontenrahmen SKR03 SKR04 alphabetisch

4., überarbeitete Auflage

FVSR FACHVERLAG FÜR STEUERN UND RECHT GMBH

Die Deutsche Bibliothek - CIP-Einheitsaufnahme

DATEV Buchhaltung im Überblick

4., überarbeitete Auflage

ISBN 978-3-941729-09-4

1. Auflage ISBN 3-937473-03-3

Telefon +49 06201 4883613 Telefax +49 03212 1061207
Internet: http://www.fvsr.de, E-Mail: contact@fvsr.de

Layout: WALDENDESIGN, I-57023 Cecina

Coverfoto: © Henry-Klingberg /PIXELIO

Druck: BoD GmbH, Gutenbergring 53 D-22848 Norderstedt

Inhalt

Vorwort

Seit dem genossenschaftlichen Zusammenschluss einiger Steuerberater im Jahre 1966 hat sich das einstige Datenverarbeitungszentrum zu einem führenden Softwarehersteller und Informationsanbieter mit Milliardenumsatz entwickelt. Dabei sind die Kunden der DATEV eG per Satzung ausschließlich deren Eigentümer: Ca. 40.000 bzw. 3/4 aller zugelassenen Steuerberater sind Mitglied der DATEV eG.

Monat für Monat werden von der DATEV für acht Millionen Arbeitnehmer Lohn- und Gehaltsabrechnungen erstellt, verarbeiten DATEV-Systeme rund zwei Millionen Buchhaltungen mit ebenso vielen Betriebswirtschaftlichen Auswertungen. Für die Finanzbuchhaltung hat sich das DATEV-System unangefochten zum Standard entwickelt und alle konkurrierende Systeme weit hinter gelassen.

- *In diesem kompakten Ratgeber werden die Grundzüge des DATEV-Systems und die Auswertungen der Buchhaltungen behandelt.*

- *Aus der Rechnungswesen-Software finden Sie einen kurzen Überblick über das Buchhaltungsprogramm (Kanzlei-)Rechnungswesen.*

- *Im Anhang sind Servicenummern der Informationszentren und Anwenderbetreuung in Nürnberg aufgelistet.*

- *In alphabetischer Ordnung sind die Kontenrahmen SKR03 und SKR04 abgedruckt.*

Autor und Verlag sind für jede Kritik und Verbesserungsvorschläge dankbar.

Heppenheim, April 2016
Dipl.-Kfm. Elmar Goldstein

Buchen mit der DATEV – die Grundzüge

Die Verbuchung der Geschäftsvorfälle erfolgt in zeitlicher und sachlicher Anordnung jeweils auf mindestens zwei betroffenen Konten. Die Entscheidung darüber, welche Konten tatsächlich betroffen sind, nennt man Kontierung.

Beispiel
Der Barkauf von Schreibwaren am 6.7. in Höhe von 238 EUR brutto wird sowohl auf den Konten „Bürobedarf" und „Vorsteuer" im Eingang/Soll als auch auf dem Konto „Kasse" als Ausgang/Haben erfasst. Der Aufwand nimmt in dem Maße zu wie das Vermögen abnimmt.

Um die Buchung zu beschreiben, formuliert man einen standardisierten Buchungssatz, hier:

6.7. Bürobedarf 200 EUR und Vorsteuer 38 EUR an Kasse 238 EUR

oder ganz allgemein:

Soll (Konto, Betrag) ... a n ... Haben (Konto, Betrag)

Im DATEV-System wird der Buchungssatz in folgender Buchungszeile erfasst:

Eingang/ Soll	Ausgang/ Haben	Gegen- konto	Beleg	Datum	Konto	Text
	238,00	906815		06.07	1600	

Hier stehen an Stelle von „Bürobedarf", „Vorsteuer" und „Kasse" nur einzelne Zahlen. An die Stelle eines Soll- und eines Habenkontos treten Konto und Gegenkonto. Der Betrag wird nur einmal als Eingang oder Ausgang erfasst und bezieht sich immer auf das Konto. Diese Eigenart des DATEV-Systems ist sicher gewöhnungsbedürftig. Auf den weiteren Seiten finden Sie viele Buchungssätze, u.a. die Umsetzung von Kassenberichten und Bankauszügen. Wenn Sie eher ein praxisbezogener Mensch sind, blättern Sie doch zum Abschnitt „Buchungskreis Kasse" vor und holen die sich hier anschließende Theorie später nach.

Da die EDV lieber mit eindeutigen, kurzen Zahlen als mit langen, unklaren Bezeichnungen operiert, wurden die Konten nummeriert und sachlich geordnet. Ein solches Kontensystem heißt Kontenrahmen. Sie finden anschließend zwei unterschiedliche DATEV-Kontenrahmen, die (Spezial-) Kontenrahmen SKR04 und SKR03, beschrieben.

Konten und Funktionen

Ein Kontenrahmen stellt ein vorgegebenes System von gegliederten Konten dar, die Sie bei Ihrer Buchführung verwenden. Die bis zu tausend Standardkonten sind in Kontenklassen und Kontengruppen geordnet.

> Wie eine Postleitzahl verweist die Kontonummer auf einen Bereich ähnlicher Konten. Die richtige Zuordnung - Kontierung - der Geschäftsvorfälle wird dadurch erleichtert.

Im DATEV-Kontenrahmen SKR04 (Spezialkontenrahmen) bezeichnet z. B. die Kontenklasse 0 die Konten des Anlagevermögens, darunter 05 „Andere Anlagen" und 06 die „Betriebs- und Geschäftsausstattung", schließlich das Konto 0670 die „Geringwertigen Wirtschaftsgüter bis 410 EUR Anschaffungskosten (GWG)". Im Gegensatz zum Industriekontenrahmen und Großhandelskontenrahmen sind sämtliche Sachkontennummern vierstellig.

An die Sachkonten (Bestands- und Erfolgskonten) schließen sich die fünfstelligen Personenkonten an. Dazu später mehr.

Sachkonten: 0001 bis 9999

Personenkonten

Debitoren: 10000 bis 69999

Kreditoren: 70000 bis 99999

Einerseits sind die über 1 300 Konten eines DATEV-Kontenrahmens bereits unübersichtlich genug. Bei der Suche hilft ein wenig die systematische Ordnung jedes Kontenrahmens nach den Kontenklassen 0 bis 9 für die erste Ziffer und eine weitere Untergliederung nach Kontengruppen. Andererseits würde man sich die Finger wund blättern nach dem Personenkonto „Fa. Schulze" oder einer „Kreissparkasse Ahlendorf". Selbst 1 200 Konten des Kontenrahmens können deshalb nicht hinreichen, einige betriebsindividuelle Konten zu berücksichtigen.

Die Lösung aus diesem Dilemma liegt in der Aufstellung eines betriebseigenen Kontenplans. Üblicherweise wird der Steuerberater den passenden Kontenplan aufstellen. Ein kleiner Sachkontenplan besteht aus ca. 50 Konten, die zum einen aus einem DATEV-Kontenrahmen ausgewählt sind, zum anderen individuell angelegt werden. Der betriebliche Kontenplan besteht somit zum einen aus den für Ihre Buchhaltung ausgewählten Konten sowie zusätzlichen individuellen Konten. Während der Kontenplan immer wieder neu den betrieblichen Änderungen angepasst wird, ist die grundsätzliche Wahl des Kontenrahmens nur schwer zu revidieren.

Welcher Kontenrahmen ist der richtige?

Die diversen DATEV-Kontenrahmen unterscheiden sich im Wesentlichen nur in der Anordnung der Konten. So ist z. B. für das Konto „Raumkosten" im DATEV-Kontenrahmen SKR03 die Nummer 4200, im SKR04 hingegen die Nummer 6305 vorgesehen.
SKR03

Wenn Sie nach dem Kontenrahmen des Großhandels die Buchführung gelernt haben, so finden Sie im SKR03 die vertrauten Kontenklassen und bekannte Kontennummern.

Kontenklasse/Kontenarten SKR03	
0	Anlage- und Kapitalkonten
1	Finanz- und Privatkonten
2	Abgrenzungskonten
3	Wareneingangs- und Bestandskonten
4	Betriebliche Aufwendungen
5 + 6	frei für Kostenrechnung
7	Bestände an Erzeugnissen
8	Erlöskonten
9	Vortragskonten - Statistische Konten

SKR04
An den Positionen des Jahresabschlusses orientiert sich der SKR04 (Aktiva, Passiva, Erträge und Aufwendungen). Er ist übersichtlicher gegliedert und von daher für

den Neueinsteiger zu empfehlen. Da sich die Gliederung an die HGB-Vorschriften für Kapitalgesellschaften anlehnt, sollen insbesondere GmbH-Buchhalter diesen Kontenrahmen verwenden.

Kontenklasse/Kontenarten SKR04	
0	Anlagevermögen
1	Umlaufvermögen
2	Eigenkapitalkonten
3	Fremdkapitalkonten
4	Betriebliche Erträge
5 + 6	Betriebliche Aufwendungen
7	Weitere Erträge und Aufwendungen
8	frei für Kostenrechnung
9	Vortragskonten - Statistische Konten

Weitere Kontenrahmen gibt es zu folgenden Branchen und Firmen: Deutsches Handwerk (SKR20), Einzelhandel (SKR30), Soziale Einrichtungen nach PBV (SKR45), Vereine (SKR49), Kommunale Unternehmen (SKR48), Industrie (SKR50), Opel (SKR53), BMW (SKR54), Fiat (SKR55), Peugeot/Talbot (SKR57), Renault (SKR58), V.A.G. (SKR61), VW-Konzern (SKR62), Hotels und Gaststätten (SKR70), Zahnärzte (SKR80) und Arztpraxen (SKR81).

Umsatzsteuerverbuchung

Die Umsatzsteuer aus Bruttobeträgen auszurechnen oder auf Nettobeträge aufzuschlagen, wieviel Vorsteuer aus einer Ausgabenrechnung abzuziehen ist, welche Beträge in die Umsatzsteuervoranmeldung gehören - diese Rechenarbeit überlässt man dem Computer. Allerdings ist vom Buchhalter diese Berechnung zumindest anzustoßen, indem er Automatikkonten bebucht oder Umsatzsteuerschlüssel setzt.
Automatische Umsatzsteuerfunktionen

Vom DATEV-System sind bereits etliche Konten im SKR mit Automatikfunktionen zu Umsatzsteuerberechnungen ausgestattet. Wenn Sie den Kontenrahmen zur Hand nehmen, sehen Sie zu Beginn etlicher Kontenklassen einen Kasten mit Kontenbereichen, markiert durch KU, M oder V. Unmittelbar vor den einzelnen Kontennummern stehen die Buchstaben AV und AM. Das Kürzel AV vor der Kontonummer bedeutet, dass die Vorsteuer aus dem auf diesem Konto gebuchten Bruttobetrag errechnet und automatisch auf dem Vorsteuerkonto verbucht wird.

Das Kürzel AM steht für die automatische Verbuchung der Mehrwertsteuer, wenn Sie die so gekennzeichneten Erlöskonten ansprechen.

Als weitere Kontenfunktionen, eingearbeitet in den DATEV-Kontenrahmen, sind hier zu erwähnen:

KU: keine Umsatzsteuer
V: nur Vorsteuerabzug/Korrektur möglich
M: nur Mehrwertsteuer/Korrektur möglich

Die so belegten Kontenbereiche verhindern Fehlbuchungen. So kann bei einer Privatentnahme aus der Kasse weder Vorsteuer abgezogen noch Mehrwertsteuer berechnet und bei einer Warenrücksendung nur die Vorsteuer, nicht aber versehentlich die Mehrwertsteuer korrigiert werden.

Arbeiten mit Buchungsschlüsseln und Automatik
Bei der Eingabe des Gegenkontos in der DATEV-Buchhaltung hat man die beiden zusätzlichen Stellen für Korrektur- und Umsatzsteuerfunktionen vorgesehen. Realisiert werden diese Funktionen, wie so oft bei der DATEV, durch Schlüsselung. In den folgenden Beispielen wurde der SKR04 verwendet.

Beispiel
Barkauf von Bürobedarf (# 6815) zum 3. Juli:

Eingang/ Soll	Ausgang/ Haben	Gegen- konto	Beleg	Datum	Konto	Text
	100,00	906815	0	0307	1600	Schreib- waren

Im Bruttobetrag von 100 EUR sind 19 % Vorsteuer enthalten. Diese zu ermitteln und auf dem Vorsteuerkonto zu sammeln überlassen wir dem Computer durch den Schlüssel 9.

So schlüsselt die EDV den Einkauf auf:

Bürobedarf 6815 (SKR03: 4930)	84,03
Vorsteuer 1400 (SKR03: 1570)	15,97
an Kasse 1600 (SKR03: 1200)	100,00

Umsatzsteuerschlüssel
Die zweite Stelle (oder sechste von rechts) des Feldes „Gegenkonto“ regelt also die Umsatzsteuerberechnung:

1	Mehrwertsteuerfrei		5	Mehrwertsteuer	16 %
	(mit Vorsteuerabzug)		7	Vorsteuer	16 %
2	Mehrwertsteuer	7 %	8	Vorsteuer	7 %
3	Mehrwertsteuer	19 %	9	Vorsteuer	19 %

Im DATEV-Kontenrahmen gibt es Konten, die bereits mit den Funktionen der automatischen Vorsteuer- oder Mehrwertsteuerberechnung belegt sind. Die Verwendung dieser Konten erspart die Mühe, bei jeder Buchung einen Umsatzsteuerschlüssel zu setzen.

Beispiel

Der Warenverkauf zum 15.7. kann also sowohl auf dem Automatikkonto (AM) 4400 (SKR03: 8400) als auch auf dem Konto 4000 (SKR03: 8000) verbucht werden (zur Vereinfachung wird die sofortige Zahlung per Scheck angenommen):

Eingang/ Soll	Ausgang/ Haben	Gegen-konto	Beleg	Datum	Konto	Text
	23 491,20	1800	846	1507	4400	Restposten

oder alternativ über das Konto 4000:

Eingang/ Soll	Ausgang/ Haben	Gegen-konto	Beleg	Datum	Konto	Text
23 491,20		304000	846	1507	1800	Restposten

An diesem Buchungsbeispiel sieht man auch, dass die Benennung von Konto und Gegenkonto frei wählbar ist - vorausgesetzt, man kommt mit Plus und Minus nicht durcheinander.

Achtung! Aus Sicherheitsgründen lässt die DATEV die USt-Schlüsselung bei der Verwendung von USt-Automatikkonten nicht zu.

Einen Sonderfall der USt-Schlüsselung stellt die Verbuchung von EG-Umsatzsteuerfällen dar. Hier greift die DATEV auch auf die erste Stelle des Gegenkontos zurück. EG-Umsatzsteuer wird danach mit den Ziffern 10 bis 19 geschlüsselt:

10: Erlöse aus einer in einem anderen EG-Land steuerpflichtigen Lieferung
11: Steuerfreie innergemeinschaftliche Lieferung
12: Erlöse aus einer im Inland steuerpflichtigen EG-Lieferung 7 % MwSt
13: Erlöse aus einer im Inland steuerpflichtigen EG-Lieferung 19 % MwSt
18: Innergemeinschaftlicher Erwerb 7 % (MwSt und Vorsteuer)
19: Innergemeinschaftlicher Erwerb 19 % (MwSt und Vorsteuer)

Die Schlüssel „S", „R" und „F"

Die Sammelfunktion S kennzeichnet Konten, auf denen Buchungsbeträge gesammelt werden ohne durch Buchungssätze direkt angesprochen zu sein - so z. B. vom System errechnete Vorsteuerbeträge oder Mehrwertsteuer.
Eine Sonderrolle bilden die mit S gekennzeichneten Konten „Verbindlichkeiten" bzw. „Forderungen aus Lieferungen und Leistungen". Da auf diesen Konten automatisch die Salden der Personenkonten erscheinen, können sie als einzige Sammelkonten nicht direkt bebucht werden. Dieser Schutz verhindert eventuelle Differenzen zwischen dem Sachkonto und den entsprechenden Personenkonten.

Ebenfalls nicht bebucht werden können die mit R bezeichneten reservierten Konten. Hier behält sich die DATEV vor, zukünftig Konten mit neuen Merkmalen festzulegen. Beispielsweise sind ab 1999 viele erst 1998 eingeführte Konten mit 15 % und 16 % USt für drohende Umsatzsteuererhöhungen in den kommenden Jahren gesperrt.

Konten mit dem Kürzel F machen auf spezielle Funktionen, z. B. die Abfrage und das Einsteuern in die USt-Voranmeldung oder die „Zusammenfassende Meldung", aufmerksam.

Mit dem Berichtigungsschlüssel korrigieren

Die erste Stelle des Gegenkontos ist mit den Ziffern 2 bis 9 für Korrekturen und die Aufhebung von Kontenfunktionen vorgesehen.

Der Schlüssel 2 kennzeichnet eine Stornobuchung (DATEV-Bezeichnung: Generalumkehr). Eine so geschlüsselte Habenbuchung erscheint mit negativem Vorzeichen auf der Sollseite, eine Sollbuchung mit ebenfalls negativem Vorzeichen auf der Habenseite des bebuchten Kontos.

Beispiel
Der Warenverkauf zum 14.7. an den Kunden Hermann Hirsch (Debitorenkonto 12500, s. u. unter „Personenkonten") wurde versehentlich dem Modehaus Hans Hirsch (Debitor 12400) zugeschrieben und in der Juli-Buchhaltung verbucht. Hier die Fehlbuchung in der Juli-Buchhaltung:

Eingang/ Soll	Ausgang/ Haben	Gegen- konto	Beleg	Datum	Konto	Text
23 491,20		304000	846	1407	12400	Restposten

Das Storno dieser Buchung erfolgt in der August-Buchhaltung unter dem gleichen Buchungsdatum:

Eingang/ Soll	Ausgang/ Haben	Gegen- konto	Beleg	Datum	Konto	Text
	23 491,20	2304000	846	1407	12400	Restposten

Der Umsatz muss ein zweites Mal, diesmal unter Angabe des richtigen Debitorenkontos 12500 eingebucht werden. Dies kann man ebenfalls unter dem Datum 14.07. in der August-Buchhaltung (01.08.-31.08) erledigen.

Den Korrekturschlüssel 4 verwendet man, wenn die Automatikfunktion eines angesprochenen Kontos ausgeschaltet werden soll. Dies kann z. B. bei der Umbuchung zwischen zwei Wareneinkaufskonten mit automatischem Vorsteuerabzug sinnvoll sein.

Der Schlüssel 8 kombiniert die Aufhebung der Automatik mit der Generalumkehr. Hier bleibt z. B bei der Stornierung die MwSt unberührt. Weitere Berichtigungsschlüssel können Sie dem Kontenrahmen entnehmen.

Individuelle Konten bezeichnen

In jeder Buchhaltung sind neben den Standardkonten aus dem vorgegebenen Kontenrahmen individuelle Konten anzulegen. Ebenso werden sämtliche Personenkonten mit dem Namen des Kreditors oder Debitors bezeichnet. Individuelle Sachkonten werden eigens angelegt für

- spezielle Anlagegüter und Darlehen,

- Konten zu Miet- und Leasingobjekten,
- Konten bei Banken und Sparkasse,
- Warengruppen beim Einkauf und Verkauf und
- eventuelle weitere Aufwendungen und Erträge.

Personenkonten

Um Rechnungen gegenüber einzelnen Geschäftspartnern abzustimmen, Aussenstände und Zahlungen zu überwachen, kann es sinnvoll sein für Kunden und Lieferanten eigene Konten anzulegen und zusätzlich zu bebuchen. Diese sogenannten Personenkonten liegen außerhalb des Sachkontenrahmens in zwei eigenen Buchungskreisen.

Sämtliche Salden der Kundenkonten (Debitoren) erscheinen auf dem Sachkonto „Forderungen aus Lieferungen und Leistungen".

Sämtliche Salden der Lieferantenkonten (Kreditoren) erscheinen auf dem Konto „Verbindlichkeiten aus Lieferungen und Leistungen".

Auf dem Sachkonto steht jeweils nur die Summe aller Debitoren und Kreditoren. Eine Saldenliste gibt Ihnen den Überblick über den aktuellen Stand jedes einzelnen Kontos.

Sofern Sie Kunden- und Lieferantenkonten bebuchen, muss von den jeweiligen Firmendaten zumindest der Name erfasst werden. Nach dem DATEV-System sind für Debitoren die fünfstelligen Konten 10000 bis 69999 und für Kreditoren die Konten 70000 bis 99999 vorgesehen. Für das Mahnwesen und den Zahlungsverkehr sind Adressen, Ansprechpartner und Bankverbindungen sinnvolle Angaben, um z. B. Mahnbriefe oder Abbuchungen zu automatisieren. Es hat sich bewährt einzelne Personenkonten nur für Großkunden oder -lieferanten zu führen und andere Geschäftspartner gesammelt beispielsweise über „Diverse Kunden A Konto 10100" oder „Diverse Lieferanten G-Z Konto 62000" abzuwickeln. Die Anlage von individuellen Sachkonten und Personenkonten kann en bloc bei der Einrichtung der Buchhaltung erfolgen oder später beim Buchen ergänzt werden (siehe dazu den Abschnitt zum NESY-Programm).

Debitorenkonten

Die fünfstelligen Kundenkonten (Debitoren) liegen außerhalb des Sachkontenrahmens im Nummernbereich 10000 bis 69999. Wenn Sie Debitorenkonten bebuchen, sollte von den jeweiligen Firmendaten zumindest der Name erfasst werden.

Gliederungsbeispiel für die „Diversen“

Konten	Bezeichnung	Konten	Bezeichnung
11100	Diverse A	11200	Diverse B
11300	Diverse C	11400	Diverse D
11500	Diverse E	11600	Diverse F
11700	Diverse G	11800	Diverse H
11900	Diverse I	12000	Diverse J
12100	Diverse K	12200	Diverse L
12300	Diverse M	12400	Diverse N
12500	Diverse O	12600	Diverse P
12700	Diverse Q	12800	Diverse R
12900	Diverse S	13000	Diverse SCH
13100	Diverse ST	13200	Diverse T
13300	Diverse U	13400	Diverse V
13500	Diverse W	13600	Diverse X
13700	Diverse Y	13800	Diverse Z

Beispiel
Ein Spediteur stellt dem Computerhändler YZ, Debitorenkonto #16100, seine Transportleistung mit netto 3 000 EUR in Rechnung. Nach sechs Wochen geht der Rechnungsbetrag ein.

Ausgangsrechnung an Kunde YZ

Eingang/ Soll	Ausgang/ Haben	Gegen- konto	Beleg	Datum	Konto	Text
	3 450,00	16100		01.07	4400	Transport YZ

Zahlungseingang von Kunde YZ

Eingang/ Soll	Ausgang/ Haben	Gegen- konto	Beleg	Datum	Konto	Text
3 450,00		16100		12.08	1810	Z-eingang YZ

Nach Rechnungsausgleich ist auch das Debitorenkonto von Kunde XY ausgeglichen: Forderung und Zahlung saldieren zu 0. Die Salden sämtlicher Debitorenkonten erscheinen automatisch in einer Summe auf folgendem Sachkonto:

SKR03	SKR04	Kontenbezeichnung
1400	1200	Forderungen aus Lieferungen und Leistungen (LuL)

Da dieses Konto für die Salden sämtlicher Debitorenkonten vom DATEV-System reserviert ist, kann es nicht direkt bebucht werden. Geschieht dies trotzdem, so lehnt das Programm die Buchungen ab um eventuelle Differenzen zwischen Sachkonto und den dazugehörigen Kundenkonten zu verhindern.

Beispiel
Die Debitorenkonten ohne Null-Saldo (=Ausstehende Forderungen) weisen folgende Salden aus:

Konto	Bezeichnung	Saldo	Erläuterung
11500	Diverse E	1 349,50	Forderung
11900	Diverse I	204,60	Forderung
12600	Diverse P	435,90	Forderung
14100	Fa. Godot	24 320,00	Forderung
1200	Forderungen LuL	26 310,00	Debitoren insgesamt

Kreditorenkonten
Auch die fünfstelligen Lieferantenkonten (Kreditoren) liegen außerhalb des Sachkontenrahmens. Sie schließen sich an die Debitoren im Nummernbereich 70000 bis 99999 an. Da bei der Eingabe gelegentlich eine Stelle verrutscht, kann z. B. aus dem Vorsteuerschlüssel 90 beim Konto Pkw 0520 schnell ein neues Kreditorenkonto 90520 werden. Deshalb sollte man Personenkonten sofort beschriften, damit ein ungewolltes neues Konto gleich ins Auge fällt.

Wie bei den Debitoren sammelt das DATEV-System automatisch sämtliche Kreditorensalden auf einem Konto. Dieses Konto ist ebenfalls nicht direkt bebuchbar. Neben den wichtigsten Lieferanten können diverse Kreditoren nach dem Alphabet angelegt werden.

Kontieren und Buchen

Buchungskreis Kasse

Nach den Grundsätzen ordnungsmäßiger Buchführung müssen alle Aufzeichnungen geordnet und übersichtlich vorgenommen werden. Neben den Grundaufzeichnungen in den Büchern nach Datum ordnet man die Buchungssätzen nach Buchungskreisen wie Kasse, Bank, Rechnungsausgang usw. bis zu einem Rest an „Diversen Buchungen". Ein Vorteil der Erfassung in getrennten Buchungskreisen besteht darin die Entwicklung auf bestimmten Bestandskonten nachvollziehen und das Ergebnis mit den Grundaufzeichnungen wie z. B. Bankauszügen abstimmen zu können. Das Kassenkonto ermöglicht der Buchhaltung Ihres Betriebes Einzahlungen und Auszahlungen zu verrechnen. Kassenführung bedeutet, dass über die Erfassung in der Buchführung hinaus

- ein Kassenbuch als Grundaufzeichnung geführt wird und
- regelmäßig der Bargeldbestand abgezählt und mit den aufgezeichneten Ein- und Auszahlungen abgeglichen werden muss.

Die in den Kassenberichten oder im Kassenbuch aufgezeichneten Einzahlungen und Auszahlungen sind in die DATEV-Buchhaltung auf Buchungslisten oder direkt in ein Erfassungsprogramm zu übernehmen.

Schauen Sie sich den Kassenbericht vom 3.7.20.. an:

Kassenbericht: Datum 3.7.20 Nr. 1	
Kassenbestand bei Geschäftsschluss	919,45
Ausgaben im Laufe des Tages	
Wareneinkauf Fa. Müller, Hagen	580,00
Privatentnahme	300,00
Nachttresor	7 000,00
abzüglich Kassenendbestand des Vortages	799,45
= Kasseneingang	8 000,00
abzüglich sonstiger Einnahmen	
Abhebung von Bank	2 000,00
= Bareinnahmen (Tageslosung)	6 000,00

Dieser Kassenbericht wird in die Buchungsliste übertragen, wobei nur die Ein- und Auszahlungen erfasst werden. Zu einzelnen Kassenvorgängen ist das entsprechende Konto zu finden.

Im folgenden Beispiel geht es um die Juli-Buchhaltung des Elektrohandels Zapp. Die Mandantennummer - in diesem Fall 345 - vergibt der Steuerberater für die eindeutige Zuordnung der Buchführung.

FIRMA: Elektro Zapp, Mandant: 345, Buchhaltung:7/20 Konto:

Kasse, Blatt: 1

Eingang	Ausgang	Gegenkto.	Datum	Konto	Text
	580,00	5400	03.07.	1600	Fa. Müller, Hagen
	300,00	2100	03.07.	1600	
	7 000,00	1460	03.07.	1600	
2 000,00		1460	03.07.	1600	
6 000,00		4400	03.07.	1600	
		Summe			

Der Aufbau der fünf Buchungszeilen ist immer der gleiche: „Konto" und „Datum" stehen fest, es handelt sich um das Kassenkonto (die Kasse hat im Kontenrahmen SKR04 die Nummer 1600) und das Datum des Kassenberichts. Handelt es sich bei dem Betrag um einen Kasseneingang oder -ausgang ? Auf Finanzkonten wie „Kasse" und „Bank" gilt in jedem Fall:

Eingänge werden links, Ausgänge rechts eingetragen

Um welchen Eingang oder Ausgang handelt es sich? Das jeweilige Sachkonto wird unter „Gegenkonto" eingetragen. Für den Text gilt: So wenig wie möglich und soviel wie nötig, dann ersparen sich im ersten Fall der Buchhalter und im zweiten Fall Andere beim Jahresabschluss die meiste Arbeit. So braucht z. B. die Buchung auf dem Konto „Privatentnahmen allgemein" keinen zusätzlichen Text. Im obigen Beispiel ist dagegen beim „Wareneinkauf" der Text „Fa. Müller, Hagen" aufschlussreich.

Wenn die auf dieser Buchungsliste ein- und ausgehenden Beträge dem Kassenkonto richtig zugeordnet werden, dann überlassen Sie die anschließende Rechenarbeit der EDV:
die Kontoführung,
den Ausdruck der Kontenblätter und
die Saldierung des Kontos.
Übung: Richtig verbuchen

Verbuchen Sie die nachfolgenden Kassenausgaben und -einnahmen und achten Sie auf eventuelle Umsatzsteuerschlüssel.

Zum 05.07.:
-Barverkäufe in Höhe von 4 200 EUR, Gegenkonto 4400
-Aushilfslohn von 200 EUR an Herrn Schnell, Gegenkonto 6030 (Gibt es einen Vorsteuerabzug ? Wenn Sie sich nicht sicher sind, lesen Sie nochmals, wessen Leistungen umsatzsteuerpflichtig sind oder schauen Sie beim Aushilfslohn zum 04.07. nach)

Zum 06.07.:
-Die Abo-Gebühr in Höhe von 21,40 EUR für die Zeitschrift "Der Elektrohandel" wird bar gegen Quittung gezahlt. Verwenden Sie das Konto 6820.
-Der Altwarenhändler Meier holt alte Kupferkabel ab und zahlt an Elektro Zapp 200 EUR in bar. Verwenden Sie das Konto 4510.
Lösung:
Elektro Zapp Mandant: 345 7/20.. Konto: Kasse
Blatt: 1

Eingang	Ausgang	Gegen-konto	Datum	Konto	Text
	580,00	5400	03.07.	1600	Fa. Müller, Hagen
	300,00	2100	03.07.	1600	
...	...	...	...	...	
	58,00	906815	05.07.	1600	Kopierpapier
	53,50	806630	05.07.	1600	Blumenschmuck Schröder
	4 000,00	1460	05.07.	1600	
4 200,00		4400	05.07	1600	1)
	200,00	6030	05.07	1600	2) Hr. Schnell
	21,40	806820	06.07	1600	3)
200,00		304510	06.07	1600	4)
		Summe			

1. Die Barverkäufe sind mit 19 % umsatzsteuerpflichtig. Das Konto 4400 ist ein automatisches Mehrwertsteuerkonto. Es wird deshalb kein Umsatzsteuerschlüssel gesetzt

2. Der Aushilfslohn an Herrn Schnell enthält keine Vorsteuer, da Arbeitnehmer keine Unternehmer sind und Ihre Arbeitsleistungen somit keine umsatzsteuerpflichtigen Leistungen darstellen.

3. Die Abo-Gebühr enthält 7 % Vorsteuer, da Zeitschriften mit dem ermäßigten Steuersatz besteuert werden. Das Konto 6820 ist kein Automatikkonto. Zum Vorsteuerabzug ist deshalb der Schlüssel 8 zu setzen.

4. Der Verkauf an Altwarenhändler Meier ist mit 19 % umsatzsteuerpflichtig. Elektro Zapp. verkauft zwar keine Ware, aber andere Gegenstände im Rahmen seines Unternehmens. Das Konto 4510 (SKR03: 8520) ist kein Automatikkonto. Damit die Umsatzsteuer ausgerechnet werden kann ist der Schlüssel 3 zu setzen.

Buchen von Bankauszügen

Die Auszüge Ihres Girokontos enthalten bereits vorgefertigte Grundaufzeichnungen. Die Bank stellt aus ihrer eigenen Buchhaltung einen Auszug des dort geführten Kundenkontos zur Verfügung. Auch wenn die Aufzeichnungen für Ihre Buchhaltung spiegelbildlich zu lesen sind, weil die Bank nur ihre eigene Sichtweise darstellt, können Sie sich im Gegensatz zur Kasse die Mühe eigener Aufzeichnungen sparen. Auf Bankauszügen als Soll bezeichnete oder auf der linken Seite gemachten Buchungen sind Ausgänge (Belastungen, Auszahlungen) und werden auf dem Bankkonto in Ihrer Buchhaltung (Auflistung) auf der rechten Seite erfasst. Auf Bankauszügen als Haben bezeichnete oder auf der rechten Seite gemachten Buchungen sind Eingänge (Gutschriften, Einzahlungen) und werden auf dem Bank-konto in Ihrer Buchhaltung auf der linken Seite aufgezeichnet.

Generationen von Buchhaltern sind an diese spiegelbildliche Darstellung gewöhnt, weshalb eine späte kundenorientierte Umstellung durch die Banken nur für Verwirrung sorgen dürfte.

Betriebliche Aufwendungen und Erlöse

Um die Ein- und Ausgänge auf dem Bankkonto zu verbuchen wird ein neuer Buchungskreis mit dem Konto „Bank #1810" angelegt.

Übung:

Hier einige Kontierungsfälle zur Übung. Es sind ausschließlich Konten des SKR04 zu verwenden.

Konto-Nummer A-Bank Frankfurt Konto-Auszug Auszug/Blatt
10057890 BLZ:54036000 312
1/1

Datum Wert Buchungstext Soll Umsätze Haben

03.07...	01.07...	DA Miete	2 320,00 EUR
03.07...	01.07...	SB-Tank	1 245,23 EUR
03.07...	03.07...	BG Elektro	1 354,00 EUR
04.07...	04.07...	HUK Erst.	238,20 EUR
06.07...	06.07...	BAR	300,00 EUR
06.07...	06.07...	Scheck EV	1 335,20 EUR

Herrn/Frau/Firma Alter Kontostand

5 394,70 EUR

Elektro Zapp, 60234 Frankfurt Neuer Kontostand

1 748,87 EUR

Auszug vom: 06.07.20..

Lösung:
FIRMA: Zapp Mandant: 345 Buchhaltung:7/00.. Konto: Bank Blatt: 1

Eingang	Ausgang	Gegen-konto	Datum	Konto	
	2 380,00	906310	02.07	1810	Die Mietzahlung enthält 19 % USt
	1 245,23	906530			Die SB-Tankstelle zieht die Monatsrechnung für Treibstoff ein (inkl. 19 % Vorsteuer)
	1 354,00	6120			Der Beitrag für die Berufsgenossenschaft enthält keine USt
238,20		6520			Erstattung von Kfz-Versicherung wegen Abmeldung eines Pkws

	300,00	2100			Privatentnahme 300,00 EUR
1 335,20		4400			Ein Privatkunde bezahlt die mit 19 % umsatz-steuerpflichtigen Installations-arbeiten (Rechnung 1034) mit einem Scheck.
		Summe			
5 394,70		Stand 3.7.			
		Stand 31.7			

Eine ggf. in die Buchungsliste neu hinzugekommene Belegspalte hilft, im Nachhinein den Kontoauszug bzw. die Belege schneller zu finden.

Der richtige Umgang mit Löhnen und Gehältern

Löhne werden an Arbeiter, Gehälter dagegen an Angestellte gezahlt. Der Arbeitgeber muss von den Bruttobezügen sowohl Lohnsteuer und Arbeitnehmeranteil einbehalten und abführen als auch als Arbeitgeberanteil zusätzliche Sozialversicherungsbeiträge aufbringen.

In der Finanzbuchhaltung sind zwei Methoden zur Verbuchung von Löhnen und Gehältern zulässig.

Die Nettomethode

Nach der Nettomethode werden die einzelnen Lohn- und Gehaltsbestandteile jeweils bei Zahlung eingebucht.

Beispiel

Es werden überwiesen und ausgezahlt:1. Sozialversicherungsbeiträge von 10 000 EUR an die Krankenkassen am 27. des Monats (zu je 1/2 Arbeitnehmer- und Arbeitgeberanteil).

Eingang/ Soll	Ausgang/ Haben	Gegen- konto	Beleg	Datum	Konto	Text
	5 000,00	6000		15.08.	1810	Lohn und Gehalt
	5 000,00	6110				Gesetzliche soziale Aufwendungen

2. 20 000 EUR Löhne und Gehälter, 200 EUR pauschalversteuerte Fahrtkostenzuschüsse und 1 200 EUR Anerkennung zum 25-jährigen Dienstjubiläum auf die Bankkonten der Arbeitnehmer zum 1. August.).

Eingang/ Soll	Ausgang/ Haben	Gegen- konto	Beleg	Datum	Konto	Text
	20 000,00	6000		01.08.	1810	Lohn und Gehalt
	200,00	6060				Freiwillige soz. Aufw. lst.-pflichtig
	1 200,00	6130				Freiwillige soz. Aufw. lst.-frei

3. Aushilfslöhne 3 000 EUR bar am 2. August

Eingang/ Soll	Ausgang/ Haben	Gegen- konto	Beleg	Datum	Konto	Text
	3 000,00	6030		02.08.	1600	Aushilfslöhne

4. Lohn- und Kirchensteuer von 4 000 EUR an das Finanzamt am 14. des Monats, davon für Aushilfen 620 EUR und Fahrtkostenzuschuss 30 EUR

Eingang/ Soll	Ausgang/ Haben	Gegen- konto	Beleg	Datum	Konto	Text
	3 350,00	6000		14.08.	1810	Lohn und Gehalt
	620,00	6040				LSt/KiSt für Aushilfslöhne
	30	6090				LSt/KiSt für Fahrtkostenzuschuss

Erfassen mit der Bruttolohnverbuchung

Bei der Bruttoverbuchung sind sämtliche Personalkosten als Gesamtverbindlichkeit auf dem Konto „Lohn- und Gehaltsverrechnungen“ zu erfassen. Dieses Konto wird aufgelöst entweder

- nach und nach durch Buchungen im Zuge der Überweisungen und Auszahlungen

oder

- durch einmaliges Umbuchen auf Verbindlichkeiten gegenüber Personal, Finanzamt, Krankenkasse, Bausparkasse u. a.

Was hier zunächst als unnötige Mehrarbeit zur Nettolohnverbuchung aussehen mag erleichtert tatsächlich die Abstimmung zwischen Lohnbuchhaltung und Finanzbuchhaltung. Sollte das Verrechnungskonto am Ende des Monats nicht ausgeglichen sein, so lassen sich im Nachhinein Buchungsfehler leichter aufspüren. Wenn Sie zudem die diversen Konten „Verbindlichkeiten gegenüber ....“ verwenden, kontrollieren Sie die korrekten Zahlungsanweisungen an die richtigen Empfänger. Ohne diese zwischengeschalteten Verbindlichkeitskonten kann man bereits ab zehn Mitarbeitern den Überblick verlieren.

Wenn die Lohnbuchhaltung nicht ohnehin in die Finanzbuchhaltung integriert ist, dann erhalten Sie von den Lohnabrechnungen zumindest als Vorlage sogenannte Buchungslisten. Auf diesen Listen sind sämtliche Löhne und Gehälter nach ihren Bestandteilen aufgeschlüsselt.

Die DATEV gibt auf den Bruttolohnlisten aus der Lohnabrechnung die Beträge und Kontonummern der einzelnen Buchungen bereits vor und erleichtert insofern die Rechenarbeit und Kontierung.

Der abgebildeten Buchungsliste liegt der Kontenrahmen SKR04 zugrunde. Die Nummerierung der Buchungssätze auf der linken Seite ist nachträglich eingefügt, um die nachfolgenden Erläuterungen leichter zuzuordnen.

Beispiel: Buchungsliste

- Berater 123456 Mandant 789 VKZ RFD Datum 26.06...
  MediaCom GmbH 77777 Musterstadt Musterstraße 1
  Buchungsliste LOHN Mai 20.. Liste Nr. 24 Blatt 1

1	Soll	Haben	Gegen-konto	Datum	Konto	Text
2		27 461,73	6010	3005	3790	Festlohn
3		6 984,78	6020	3005	3790	Gehalt
4		4 970,00	6024	3005	3790	
5		208,00	6080	3005	3790	Vermögensbildung
6	260,00		3770	3005	3790	

7		7 292,99	6110	3005	3790	Soziale Aufw.
8	14 585,98		3740	3005	3790	Verb. SozVers
9	6 447,43		3730	3005	3790	Verb. LStKiSt
10	444,44		3730	3005	3790	Verb. LStKiSt
11	24 705,34		3720	3005	3790	Netto Lohn+Geh.
12	474,31		3730	3005	3790	Verb. Lst-KiSt
13	46 917,50	46 917,50				
14	593,36		3740	3005	6110	Soziale Aufw.

Der Aufbau der Spalten folgt der Erfassungszeile der DATEV-FIBU. In Zeile 1 sehen Sie links die einzugebenden Beträge und Gegenkonten. Belegnummer, Datum und Konto bleiben für sämtliche Buchungen gleich. Sind diese Felder einmal eingegeben, können sie in jede Folgebuchung „geschleppt“ werden. Der Text dient lediglich zur Kommentierung der Kontenbeschriftung. Insofern lohnt sich nicht die Mühe ihn als Buchungstext einzugeben.

In den Zeilen 2 bis 4 sind Löhne, Gehälter und Geschäftsführergehälter gebucht. In diesen Bezügen sind auch die später abzuführende Lohnsteuer und Arbeitnehmeranteile zur Sozialversicherung enthalten.

Als herkömmlicher Buchungssatz ließen sich die drei Buchungen wie folgt zusammenfassen:

Eingang/ Soll	Ausgang/ Haben	Gegen-konto	Beleg	Datum	Konto	Text
	27 461,73	6010			3790	Löhne
	6 984,78	6020			3790	Gehalter
	4 970,00	6024			3790	Geschäftsführergehalt

Vermögenswirksame Leistungen werden in den Zeilen 5 und 6 verbucht. Der Arbeitgeberzuschuss beträgt 208 EUR. An die sparbegünstigten Institute sind insgesamt 260 EUR zu überweisen. Deshalb ist die Differenz von 52 EUR aus den Gehältern und Löhnen einzubehalten.

Arbeitgeberzuschuss zur Vermögensbildung

Eingang/ Soll	Ausgang/ Haben	Gegen-konto	Beleg	Datum	Konto	Text

	208,00	6080			3790	Vermögens-wirksame Leistungen

Verbindlichkeiten gegenüber sparbegünstigten Instituten wie Bausparkassen u. a.

Eingang/ Soll	Ausgang/ Haben	Gegen-konto	Beleg	Datum	Konto	Text
260,00		3770			3790	Verbindl. Vermögensbildung

In Zeile 7 werden die Arbeitgeberanteile zur gesetzlichen Sozialversicherung verbucht, nämlich

- Krankenversicherung,
- Arbeitslosenversicherung,
- Rentenversicherung und

weitere Umlagen.

Eingang/ Soll	Ausgang/ Haben	Gegen-konto	Beleg	Datum	Konto	Text
	7 292,99	6110			3790	Gesetzliche Sozialver-sicherung

Gegenüber den Krankenkassen ergibt sich eine doppelt so hohe Verbindlichkeit an Sozialversicherungsbeiträgen. Der Betrag aus der Buchung in Zeile 8 setzt sich deshalb zusammen

- zur einen Hälfte aus den eingebuchten Arbeitgeberbeiträgen aus Zeile 7,
- zur anderen Hälfte aus Abzügen von Löhnen und Gehältern der Zeilen 2 und 3.

Eingang/ Soll	Ausgang/ Haben	Gegen-konto	Beleg	Datum	Konto	Text
14 585,98		3740			3790	Verbindl. Sozialver-sicherung

Die Verbindlichkeiten an Lohnsteuer und Kirchensteuer gegenüber dem Finanzamt werden in den Zeilen 9, 10 und 12 erfasst, wobei die drei Beträge aus den Einbehaltung von den Löhnen, Gehältern und dem Geschäftsführergehalt stammen.

Eingang/ Soll	Ausgang/ Haben	Gegen-konto	Beleg	Datum	Konto	Text
6 447,43		3730			3790	Verbindl. Lohn-/ Kirchensteuer
444,44		3730			3790	Verbindl. Lohn-/ Kirchensteuer
474,31		3730			3790	Verbindl. Lohn-/ Kirchensteuer

In der Zeile 11 werden die auszuzahlenden Nettolöhne und -gehälter als Verbindlichkeiten eingebucht:

Eingang/ Soll	Ausgang/ Haben	Gegen-konto	Beleg	Datum	Konto	Text
24 705,34		3720			3790	Verbindl. Löhne und Gehälter

Wie an der Summengleichheit in Zeile 13 ersichtlich, ist nach den vorangegangenen Buchungen das Verrechnungskonto ausgeglichen. Schon bei der Eingabe der Buchungssätze können Zahlendreher und falsche Beträge, übersehene Buchungszeilen und falsch angesprochene Kontenseiten erkannt und korrigiert werden. Buchungen außerhalb des Buchungskreis „Lohn- und Gehaltsverrechnungen" sind hingegen nicht mehr abzustimmen.

In Zeile 14 werden freiwillige Sozialversicherungsbeiträge für den Gesellschaftergeschäftsführer erfasst, um die Verbindlichkeiten gegenüber den Krankenkassen in voller Höhe auszuweisen.

Eingang/ Soll	Ausgang/ Haben	Gegen-konto	Beleg	Datum	Konto	Text
593,36		3740			6067	Sozialversicherung Geschäftsf., Löhne und Gehälter

Sämtliche Verbindlichkeiten werden durch Zahlungen ausgeglichen, wobei sich bei den Löhnen und Gehältern Sammelüberweisungen und ansonsten für Finanzamt und Krankenkassen Einzugsermächtigungen empfehlen.

Eingang/ Soll	Ausgang/ Haben	Gegen-konto	Beleg	Datum	Konto	Text

	4 495,69	3720			1810	Geschäftsführer
	...	3720			1810	Verkaufsleiter
	...	3720			1810	usw...
	7 366,18	3730			1810	Lohn-/ Kirchen- steuer
	12 425,25	3740			1810	AOK
	...	3740			1810	DAK usw.

Skonto buchen

Gewährte Skonti sind Preisnachlässe an Ihre Kunden für prompte Zahlungen, üblicherweise 2 % des Rechnungsbetrages bei Zahlung innerhalb von 10 Tagen. Bei einer regulären Zahlungsfrist von 30 Tagen zahlen Sie an Ihre Kunden stolze 36 % p. a. Zinsen. Dennoch kann es bei hohen Forderungsbeständen und schmaler Liquidität letztlich profitabler sein, das Umsatzrad schneller zu drehen und den Zinsverlust in Kauf zu nehmen.

SKR03	SKR04	Kontenbezeichnung
8730	4730	Gewährte Skonti
8731	4731	Gewährte Skonti 7 % USt
8736	4736	Gewährte Skonti 19 % USt

Beispiel: Gewähren von Skonto

- Die Firma Elektro Zapp kommt nicht umhin, zumindest den zögerlichen Zahlern Skonto einzuräumen. Vom Kunden Godot wird die nächste Rechnung über 23 800 EUR unter Abzug von 2 % Skonto prompt beglichen.

Rechnungsstellung

Eingang/ Soll	Ausgang/ Haben	Gegen- konto	Beleg	Datum	Konto	Text
	23 800,00	14100	1057	08.07.	4400	

Rechnungsausgleich Bankeingang

Eingang/ Soll	Ausgang/ Haben	Gegen- konto	Beleg	Datum	Konto	Text

...	...	...	...	...		...
23 324,00		14100	1057	15.07.	1810	
...	...	...	...	...		...

Rechnungsausgleich Skonto

Eingang/ Soll	Ausgang/ Haben	Gegen- konto	Beleg	Datum	Konto	Text
476,00		14100	1057	15.07.	4736	Skontoabzug

Mit der Buchung auf dem Automatikkonto 4736 wird die Umsatzsteuer um 76 EUR vermindert.
Für die Skontobuchung wird neben dem Buchungskreis „Bank“ noch ein weiterer Buchungskreis angesprochen, etwa innerhalb „Ausgangsrechnungen“ oder „Sonstige Buchungen“.

Gewähren Sie regelmäßig Skonto, dann wird die Zuordnung von Zahlungseingang und Skonto auf zwei separaten Listen schnell unübersichtlich und die doppelte Erfassung desselben Vorgangs (Zahlung unter Abzug von Skonto) zur umständlichen Prozedur.
Im DATEV-System ist deshalb die Kurzeingabe des Skontos unter folgenden Voraussetzungen möglich:

- Buchungskreis Bank, Kasse u.ä. Finanzkonto
- Gegenkonto ein Personenkonto

Die Buchungsliste wird deshalb für den Skontoabzug um noch eine weitere Spalte breiter.

Beispiel: Die Skontospalte
Beide Buchungen zum Rechnungsausgleich lassen sich zusammenfassen:

Eingang/ Soll	Ausgang/ Haben	Gegen- konto	Beleg	Datum	Konto	Skonto
...	...	...	...	...	1810	...
23 324,00		14100	1057	15.07.		476,00
...	...	...	...	...		...

Gibt man den Skontobruttobetrag in die Skontospalte ein, teilt die EDV diesen automatisch: zum einen werden vom Konto 4736 netto 400 EUR abgezogen und zum anderen 76 EUR auf das Umsatzsteuerkonto gebucht. Außerdem wird die

Rechnung 1057 auf dem Kundenkonto 14100 durch Zahlung und Skontoabzug ausgeglichen.
Erhaltene Skonti können ebenfalls mit dem Bruttobetrag in der Skontospalte erfasst werden.

Das Eröffnungsbilanzkonto

Die Jahresabschlussbilanz wird aus laufender Buchhaltung, Abschlussbuchungen und den Inventurwerten zum Jahresende aufgestellt. Die Bestände an Vermögenswerten werden links angeordnet (Aktiva), Schulden und Eigenkapital auf der rechten Seite (Passiva).
Sämtliche Erfolgskonten saldieren zum Jahresende mit dem Jahresgewinn und sind mit Ablauf eines Wirtschaftsjahres über das Eigenkapital abgeschlossen. Da zu Jahresbeginn sämtliche Vermögenswerte und Schulden erhalten bleiben sind vor dem Buchen der Geschäftsvorfälle lediglich die Bestandskonten vorzutragen.
Zum Vortrag wird aus buchungstechnischen Gründen eine Verrechnungsstelle benötigt, das Eröffnungsbilanzkonto #9000. Werden gegen dieses Konto sämtliche Bestände gebucht, so erscheint dort spiegelbildlich die Jahresabschlussbilanz.

Beispiel: Bilanz
Bilanz in EUR zum 31.12.20..
Hermann Klein, Freiburg

Aktiva		Passiva	
Anlagevermögen		Eigenkapital	111 000
1. Grundstücke		Fremdkapital	
2. Maschinen		1. Langfristige Verbindl	
3. Fuhrpark	18 000	Hypotheken	
4. Geschäftsausst.	25 000	sonst. Darlehen	
Umlaufvermögen		2. kurzfr. Verbindlichkeiten	
1. Waren 100 000		Lieferantenverbindl.	30 000
2. Kundenford.	2 000	sonst. kurzfr. Verb.	5 000
3. Bankguthaben			
4. Kassenbestand	1 000		
	146 000		**146 000**

Eingang/ Soll	Ausgang/ Haben	Gegen- konto	Beleg	Datum	Konto	Text
	18 000	div.		01.01.	9000	Fuhrpark
	25 000	div.				Geschäfts- ausstattung
	100 000	div.				Warenbestand
	2 000	div.				Forderungen aus LuL
	1 000	1600				Kasse
111 000		div.				Eigenkapital
30 000		div.				Verbindlichkeiten aus LuL
5 000		div.				sonst. Verbindlichkeiten
146 000	146 000	Summe				

Bei der Gewinnermittlung durch Einnahmen-Überschussrechnung brauchen keine Bestände vorgetragen zu werden, da nur die Einnahmen und Ausgaben des betreffenden Jahres heranzuziehen sind. Ausstehende Forderungen aus dem Vorjahr können jedoch übernommen werden.

Da die wenigsten Jahresabschlüsse bis Februar erstellt sind, werden viele Werte bei Eingabe der Januar-Buchhaltung noch nicht bekannt sein. Deshalb werden zumindest die Finanzkonten erfasst wie Kasse, Bank, auch Darlehenskonten und abgestimmte Personenkonten. Fehlende Bilanzkonten sind spätestens zum nächsten Jahresabschluss nachzutragen.

Wareneinsatz optimal erfassen

Der bei Handelsunternehmen gewöhnlich mit Abstand größte Kostenfaktor besteht im Wareneinsatz. In einer den steuerlichen und handelsrechtlichen Vorschriften genügenden Finanzbuchhaltung reicht es aus, wenn während des Jahres nur die Wareneingänge erfasst werden. Üblicherweise werden die Warenbestände erst in der Inventur festgestellt, ein Problem, mit dem sich die laufende Buchhaltung zum Glück nicht auch noch herumschlagen muss.

Festzuhalten gilt: Ein solcher einmal jährlich im Nachhinein ermittelter Wareneinsatz kann nur annähernd vorausgeschätzt und den einzelnen Monaten anteilig zugerechnet werden.
Die DATEV bietet drei Verfahren für den überschlägigen Wareneinsatz an:

- Wareneinsatz = Wareneinkauf
- Ermittlung des tatsächlichen Wareneinsatzes
- Wareneinsatz durch Handelsspanne

Nach der einfachsten und gängigen Methode behandelt man den tatsächlichen, effektiven Wareneingang des betreffenden Monats als fiktiven Wareneinsatz dieses Monats. Hier wird der Wareneinkauf direkt als Aufwand erfasst und nicht mehr abgegrenzt:

Für den Wareneingang stehen folgende Konten zur Verfügung:

SKR03	SKR04	Kontenbezeichnung
3200-3299	5200-5299	Wareneingang
3300-3309	5300-5309	Wareneingang 7 % VSt
3400-3409	5400-5409	Wareneingang 19 % VSt

Damit wird unterstellt, dass der Warenbestand keinen größeren Schwankungen (z. B. saisonalen) unterliegt und innerhalb des betrachteten Monats die gleiche Menge an Waren gekauft wie auch verkauft wird. Je mehr die Realität von dieser Fiktion abweicht, um so ungenauer wird der vorläufig ausgewiesene Gewinn in den betriebswirtschaftlichen Auswertungen.

Tatsächlicher Wareneinsatz

Eine wesentlich genauere, wenn auch zeitaufwendigere Methode als die Fiktion „Wareneinkauf = Wareneinsatz“ besteht in der Erfassung des tatsächlichen Warenausgangs zu Einkaufspreisen.

Jeder Wareneingang wird hier zunächst aufwandsneutral als Bestandserhöhung behandelt. Innerhalb der Buchführung ist zu beachten, dass dem Wareneinkaufskonto diesmal nicht die Funktion eines Aufwandskontos, sondern die eines Bestandskontos zugeordnet wird. Einmal monatlich wird dann der tatsächliche Wareneinsatz ermittelt und als Aufwand verbucht.

SKR03	SKR04	Kontenbezeichnung
3980	1140	Waren
4000	5000	Aufwendungen f. RHB und bezogene Waren
3990	5860	Verrechnete Stoffkosten

Beispiel

Eingang/ Soll	Ausgang/ Haben	Gegen-konto	Beleg	Datum	Konto	Text
20 000,00		5860		31.07.	5000	Wareneinsatz Juli

Wareneinsatz aus Handelsspanne

Bei Einzelhändlern, die ihre Verkaufspreise durch Aufschlagskalkulation festlegen, lässt sich der Wareneinsatz auch aus ihren monatlichen Umsätzen ermitteln. Hier legt man die durchschnittliche Handelsspanne der letzten Jahre zugrunde. Der zu buchende Wareneinsatz bemisst sich jeweils am Warenumsatz des betreffenden Monats, auch wenn der entsprechende Wareneinkauf bereits Monate zurückliegt.

Verkauf und Abgang von Anlagegütern

Verkäufe von Anlagegegenständen sind nach dem DATEV-Buchhaltungssystem in zwei Buchungen zu berücksichtigen:

Der Verkaufserlös wird auf einem Ertragskonto gebucht.

Der Wert des Gegenstandes auf dem Anlagekonto (Buchwert) ist als Aufwand auszubuchen.

Die DATEV unterscheidet zwischen Anlageverkäufen mit Buchgewinn und solchen mit Buchverlust. Der Buchwert ist der Restwert in der Buchhaltung, den das Anlagegut nach Abschreibungen für die vergangene Nutzung und eventuell nach einem außerordentlichen Wertverlust noch hat. Der „Wert in den Büchern“ muss nicht dem Wert entsprechen, der bei einem Verkauf zu erzielen ist. Bei einem Buchgewinn liegt der Verkaufserlös höher als der Restwert des Anlagegutes, bei einem Buchverlust erzielt der Verkauf weniger.

Beispiel: Verkauf eines Pkw mit Buchgewinn

- Buchwert 20.000 EUR
- Verkaufserlös (netto) 25.000 EUR
- Buchgewinn 5.000 EUR

SKR03	SKR04	Kontenbezeichnung
8800	4845	Erlöse Anlagenverkäufe 19 % USt, Buchgewinn
2315	4855	Anlagenabgang Restbuchwert, Buchgewinn
0320	0520	PKW
8801	6885	Erlöse Anlagenverkäufe 19 % USt, Buchverlust
2315	6895	Anlagenabgang Restbuchwert
0490	0690	Sonstige Betriebs- u. Geschäftsausstattung

Eingang/ Soll	Ausgang/ Haben	Gegen-konto	Beleg	Datum	Konto	Text
29 750,00		4845			1810	Verkauf Pkw
	20 000,00	4855			0520	Abgang Pkw

Die erste Buchung ist leicht zu verstehen: Der Verkaufserlös von brutto 29 750 EUR wurde dem Bankkonto gutgeschrieben. Wegen der Buchung auf ein Umsatzsteuerautomatikkonto teilt die EDV den Betrag in einen Nettoerlös von 25 000 EUR und 4 750 EUR Umsatzsteuer auf.

Auf dem Konto 0520 steht immer noch der Betrag von 20 000 EUR als Restwert eines Pkws, der sich jedoch nicht mehr im Betriebsvermögen befindet. Der Kontostand ist damit um 20 000 EUR zu hoch. Dem Verkaufserlös von 25 000 EUR stehen 20 000 EUR Restbuchwert als Aufwand gegenüber. Die zweite Buchung klärt also den wertmäßigen Bestand auf dem Konto „Pkw" und führt zu dem zutreffenden Buchgewinn von 5 000 EUR.
Der Verkauf eines voll abgeschriebenen Anlagegutes, also mit einem Restbuchwert von 1 EUR, führt in jedem Fall zu einem Buchgewinn.

(Kanzlei-)Rechnungswesen

Mit dem Programm *Rechnungswesen* können Sie in Ihrem Unternehmen die komplette laufende Finanz- und Offene-Posten-Buchführung abwickeln. So sind Sie bei der Auswertung der Buchhaltung unabhängig vom Rechenzentrum der DATEV. Eine Übergabe der Daten erfolgt lediglich zur Datensicherung und zur Erstellung des Jahresabschlusses durch den Steuerberater.

Rechnungswesen verfügt über Schnittstellen für den Import und der Kontierung von elektronischen Bankauszügen - und für den Export, z. B. zu dem Programm Kostenrechnung

Die kostengünstigste und einfachste Variante von DATEV-Rechnungswesen ist das DATEV Mittelstand Faktura und Rechnungswesen compact pro für den Einzelplatz mit einem Jahresabopreis von 199,- EUR. Die Grund-Programmfunktionen von Rechnungswesen compact sind auf den folgenden Seiten beschreiben. In den erweiterten Programmvarianten sind die Grundfunktionen aufgestockt.

So bietet DATEV Mittelstand Faktura und Rechnungswesen compact (ITU) pro die Mehrplatzfähigkeit, also gleichzeitige Nutzung auf mehreren PCs. Außerdem sind die (kostenpflichtige) Zusatzmodule Kostenrechnung und Anlagenbuchhaltung verwendbar.

DATEV Mittelstand Faktura und Rechnungswesen pro bietet eine Finanzbuchführung mit einem zusätzlichen Mahnwesen. Das Programm erzeugt automatisch Buchungen aus elektronischen Bankontoauszügen, elektronischen Kassenbüchern sowie den erstellten Ausgangsrechnungen. Die digitale Belegbuchführung verknüpft nach und nach auf zwei Bildschirmen Buchungssatz und den zugehörigen eingescannten Beleg, bis sämtliche Belege durchkontiert sind.

Kanzlei-Rechnungswesen ist die erweiterte Programmversion von Rechnungswesen für Steuerkanzleien. Hier wurde das Programm BILANZ als separates Jahresabschlusspaket integriert. Mit Kanzlei-Rechnungswesen kann die laufende Buchführung von der Erfassung bis zur Auswertungserstellung durchgehend am PC bearbeitet, sofort geprüft und abgeschlossen werden. Über eine Verbindung zum Programm Zahlungsverkehr kann der gesamte Zahlungsverkehr beleglos am PC abgewickelt werden. Der Export in das Programm Kostenrechnung ist ebenfalls problemlos.

Als Datenimport können Sie die Informationen aus Ihren Bankkontoauszügen direkt von der Bank oder aus dem DATEV-Rechenzentrum als Buchungssätze nach Kanzlei-Rechnungswesen übernehmen.
Im Bilanzteil von Kanzlei-Rechnungswesen kann die Steuerkanzlei jederzeit auf Basis der am PC vorhandenen FIBU-Daten Zwischenabschlüsse oder Jahresabschlüsse erstellen. Sie wird durch Programmverbindungen zu Anlagenbuchhaltung, den Steuer- und Wirtschaftsberatungsprogrammen sowie zu Eigenorganisation und zum Bilanzbericht unterstützt. Daneben ist Kanzlei-Rechnungswesen ein Basisprogramm zur Nutzung der Programme für die Abschlussprüfung.

Der Finanzbuchhaltungsteil mit der Offenen-Posten-Buchführung ist mit *Rechnungswesen* so gut wie identisch.

Allgemeine Voraussetzungen

Für den Programmeinsatz von Rechnungswesen bzw. Kanzlei-Rechnungswesen benötigen Sie nachfolgende Systeme und Software:

- Windows 7/8/10
- DATEV-Systemumgebung
- Programm-DVD mit dem Rechnungswesen-Programm
- ggf. Mandantendaten aus dem Rechenzentrum

Als "zukunftssicheres System" empfiehlt die DATEV (Stand: 2016):

- Prozessor Intel Core i7-6xxx, Core i5-6xxx ab 3,0 GHz oder AMD A10
- Arbeitsspeicher 8 GB
- Festplatte SSD ab 240 GB
- DVD-Laufwerk/-Brenner
- 2 digitale Ausgänge (TFT-)Monitor 24 Zoll, 1920 x 1200 (16:10);
- Gigabit Ethernet; Internet DSL 6000

DATEV-Systemumgebung

Wie die meisten DATEV-Programme benötigt *Rechnungswesen* ein lizensiertes System. Vor der eigentlichen Installation des Anwendungsprogramms steht deshalb die Einrichtung der DATEV-Plattform.

Legen Sie die Programm-DVD ein. Es startet automatisch bzw. über start.exe in Grundverzeichnis der DVD der Aufruf für die DATEV Plattform- und Programm-Installation. Folgen Sie nun den Anweisungen am Bildschirm.

Gegen Ende des mindestens halb-stündigen Installationmaratons werden die Komponenten der Buchhaltung und ELSTER-Software angelegt.
Das Programm *Rechnungswesen compact* ist innerhalb einer Testphase von einem Monat ab Installation bei der DATEV zu registrieren. Unter „Extras > Registrierung“ beantragen Sie die Nutzungslizenz. Daraufhin kommt der Registrierungscode per Post.

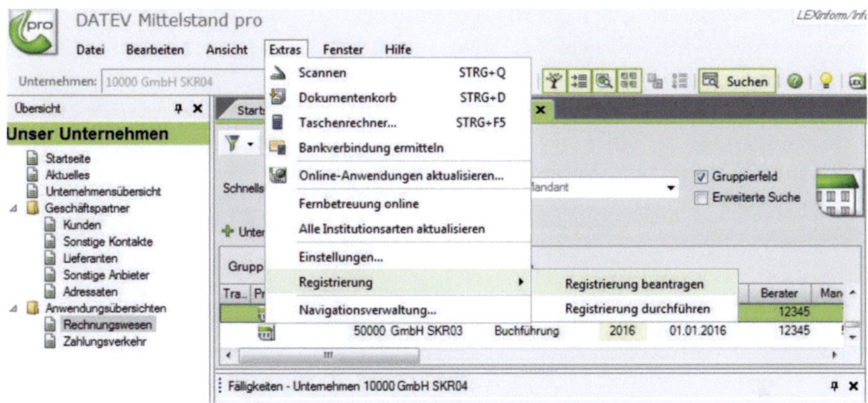

Einrichten der Stammdaten

Um Ihre Buchführung einzurichten sind zusätzlich Stammdaten Ihres Unternehmens anzulegen und ggf. Buchhaltungsdaten aus dem laufenden und dem vergangenen Geschäftsjahr einzulesen. Soweit vorhanden können Sie diese Daten von Ihrem Steuerberater bereitstellen lassen und einspielen. Auf der Basis der Standarddaten zum Kontenrahmen ist es alternativ möglich, die sogenannten Mandantendaten neu anzulegen.

Mandanten, die bisher noch nicht bei DATEV gespeichert sind, können Sie auf DATEV Arbeitsplatz pro vor Ort anlegen und buchen.

DATEV Mittelstand pro *ist der Arbeitsplatz,* von dem aus Sie in Anwendungsprogramme, Daten und Auswertungen verzweigen können.

So legen Sie einen neuen Mandanten an

Wählen Sie links oben im Menue die Funktion „Bestand > Neu > Mandant“.

Sobald die Mindestangaben für die Neuanlage erfasst sind, wird die Schaltfläche „Fertig stellen“ aktiviert. Fehlende Stammdaten können zu einem späteren Zeitpunkt nachgeholt werden.

So öffnen Sie einen Mandanten in Rechnungswesen für Windows:

In der linken Fensterhälfte von **DATEV Mittelstand pro** sehen Sie die Übersicht über die angelegten Unternehmen,

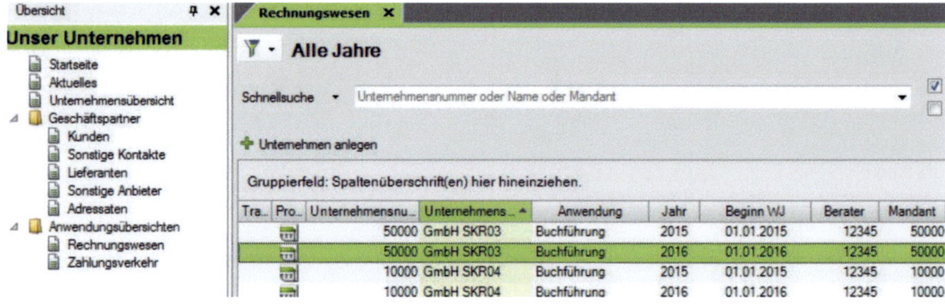

... auf der rechten Fensterhälfte finden Sie den ausgewählten Arbeitsbereich zum Aufruf des Buchhaltungsprogramms und zum Nachtrag von Unternehmensdaten/ Stammdaten.

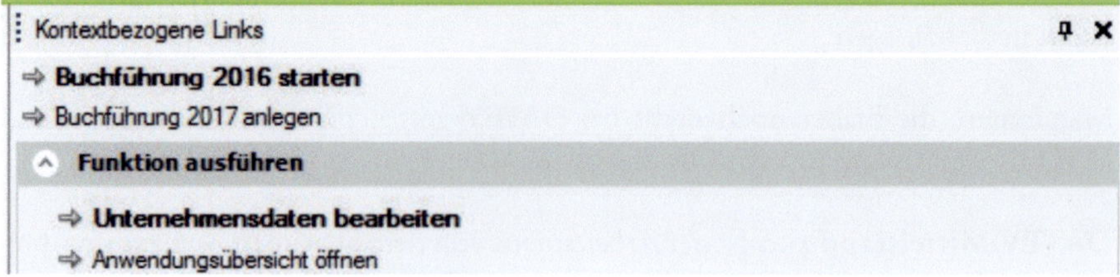

Buchen in „Rechnungswesen“

Aus Zeiten, als Buchungsdaten noch getrennt erfasst und nach einer Datenübertragung im Rechenzentrum ausgewertet wurde, stammt das “Postversandformat”, bei dem den Buchungsdaten eine Adressdatei mit Absenderangaben und Datenbeschreibung vorangestellt wurde. Diese vorangeschickte Meldung nennt sich „Vorlauf“.

Um einen neuen Vorlauf zur Erfassung Ihrer Buchführung im Dialogbuchen anzulegen oder einen bereits vorhandenen Vorlauf zur weiteren Bearbeitung auszuwählen, wechseln Sie in „Erfassen > Belege buchen“. Hier wählen Sie zwischen der Neuanlage oder der Bearbeitung eines bestehenden Vorlaufs zu einem Buchungsstapel.

Zur Fortsetzung eines bereits angelegten Vorlaufs wählen Sie diesen in der Auflistung aus.
Alternativ legen Sie einen neuen Buchungsstapel an.

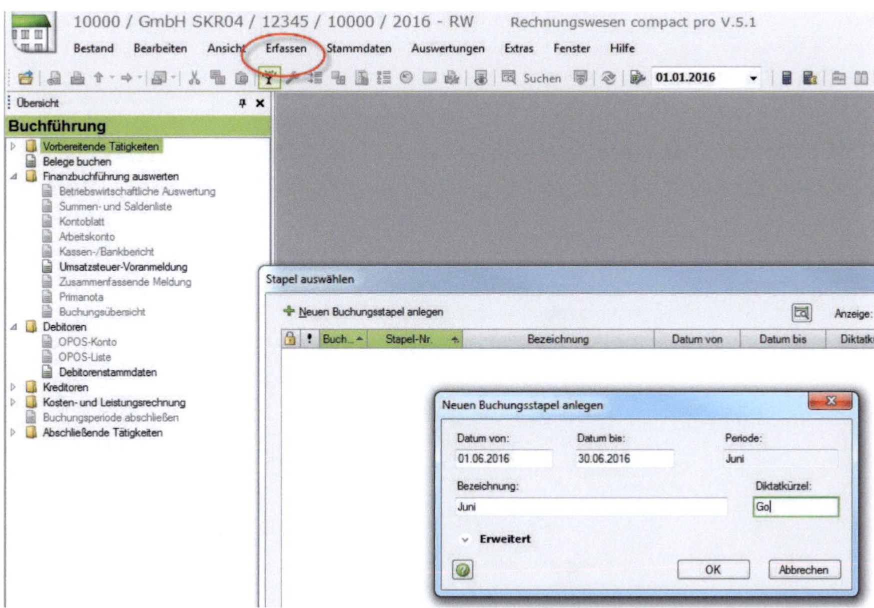

Bei der Neuanlage des Erfassungsvorlaufs ist die Buchungsperiode festzulegen. Im Feld „Datum von“ steht der Beginn des Zeitraums, wobei bei den nachfolgenden Buchungen ein früheres Buchungsdatum innerhalb des gleichen Wirtschaftsjahres ebenfalls zulässig ist.

Unter „Datum bis“ steht das Ende des Buchungszeitraums. Nachfolgende Buchungen mit einem späteren Datum werden vom Rechenzentrum nicht verarbeitet. Sobald Sie Ihre Vorlaufdaten angelegt haben, klicken Sie „OK“. Nachdem Sie Ihren Vorlauf angelegt oder ausgewählt haben befinden Sie sich in der Buchungserfassung.

Die Buchungszeile

In der Buchungserfassung wird Ihnen standardmäßig die Buchungszeile mit folgenden Eingabefeldern angezeigt:

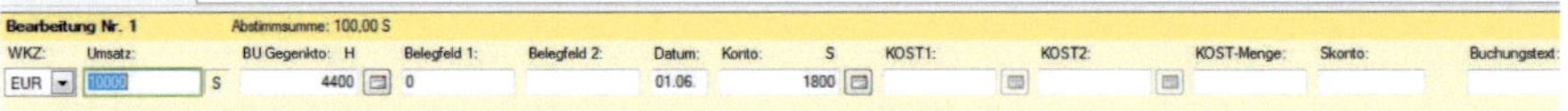

Die vom System vorgegebene Buchungszeile ist für die meisten Buchhaltungen zu lang. Im Menue **Eigenschaften** auf der rechten Seite lassen sich unter **Buchungssatz** überflüssige Eingabefelder abwählen.

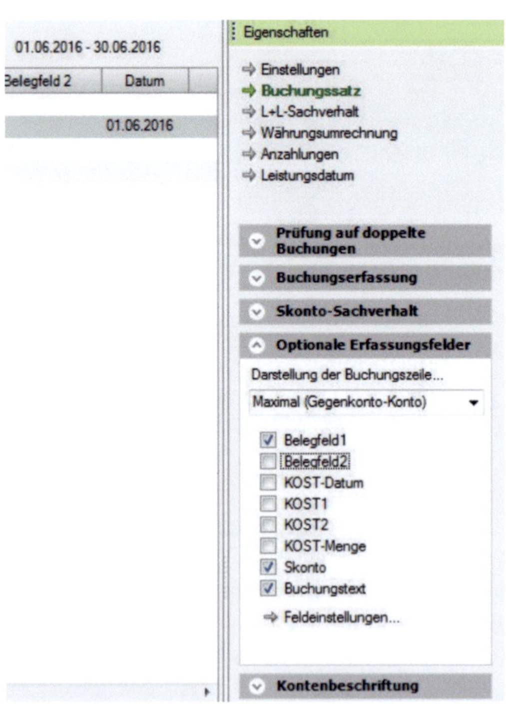

Umsatz

Der Betrag im Umsatzfeld ist ohne Komma einzugeben. Das DATEV-System arbeitet mit der Logik von Konto/Gegenkonto. Die Angabe im Konto bestimmt den Buchungskreis, z. B. Bank, Kasse, Erlöse, Wareneinkauf etc. Die eingegebenen Buchungsbeträge beziehen sich – wechselweise im Soll oder Haben – auf dieses jeweilige Konto. Betätigen Sie für SOLL die Eingabetaste, für HABEN die <+>-Taste (am Nummernblock rechts).

Gegenkonto

Sobald Sie hier eine Kontonummer erfasst haben, wird in der grauen Statusleiste die Kontenbeschriftung sowie der Kontensaldo angezeigt. Die angezeigte Kontobeschriftung können Sie unter „Bearbeiten > Beschriftung Gegenkonto ändern" anpassen.

Die Einstellungen in „Datum" und „Konto" bleiben solange erhalten, bis Sie dort eine Änderung vornehmen. Sie können von daher bereits nach Eingabe von Betrag und Gegenkonto einen Buchungssatz mit Übernehmen abschließen.

Abstimmsumme

Während der Eingabe sehen Sie als Zwischensumme die Salden sämtlicher eingegebenen Buchungsbeträge Besonders sinnvoll ist ein Anfangsbestand auch im Buchungskreis „Bank". Die Zwischensumme kann dort direkt mit dem Saldo auf jedem Bankauszug abgeglichen werden. Dies erspart Ihnen eine spätere Suche nach Centdifferenzen zum Monatsende. Mit einem Klick mit der rechten Maus-Taste lässt sich u.a. die Abstimmsumme neu eingeben.

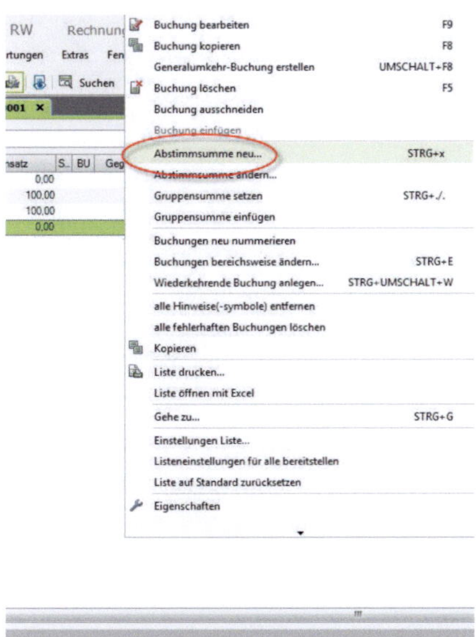

Fehlbuchungen

Mit dem Berichtigungsschlüssel (Generalumkehr) werden nur Buch-ungen korrigiert, die bereits verarbeitet wurden. Fehlbuchungen, die Sie am Bildschirm oder im Primanota-Ausdruck feststellen, berichtigen Sie gleich am Gerät durch Überschreiben des Fehlers. Klicken Sie dazu den Buchungssatz doppelt an.

Beenden der Eingabe

Um die Eingabemaske zu schließen, klicken Sie auf das X am rechten oberen Rand. Das Programm fragt an, ob der Stapel der Buchungssätze festgeschrieben werden soll.

Klicken Sie auf „Ja", wenn Sie die Buchhaltung abschließen wollen. Der Stapel steht anschließend nicht mehr in der Erfassung zur Verfügung.

Klicken Sie auf „Nein", wenn Sie die Erfassung später fortsetzen wollen.

Nach Abschluss der Monatsbuch-haltung ist die endgültige Verarbeitung bzw. Festschreibung nach den Vorschriften der BoBD ("Grundsätze zur ordnungsmäßigen Führung und Aufbewahrung von Büchern ... sowie zum Datenzugriff") vorgesehen, um nachträgliche Änderungen auszuschließen.

Was leistet die Stapelverarbeitung?

Über die Stapelverarbeitung können Sie Vorläufe aus anderen DATEV-Programmen sowie aus anderen Buchhaltungsprogrammen mit DATEV-Exportschnittstelle z.B. dem Lexware Buchhalter verarbeiten lassen. Sie können Buchungsdaten, individuelle Kontenbeschriftungen sowie Debitoren- und Kreditorendaten übernehmen. Die Zeiten des zuvor erwähnten "Postversandformats" mit den zwei Dateien mit Adressdaten und Buchungssätze gehen zum Jahresende 2016 endlich zu Ende. Das seit längerem parallel verwendbare "DATEV-Format" wird danach der verbleibende Standard zum Datenaustausch. Hierbei sind in einer einzigen Datei die Adressdaten den ersten Zeilen der Buchungsdaten vorangestellt.

Sie rufen die Stapelverarbeitung unter „Buchen > Stapelverarbeitung" auf. Mit der Funktion „Importieren" übernehmen Sie die auszuwählenden Vorläufe von Datenstick oder anderen Verzeichnissen. Nach einem weiteren „Importieren" lassen sich die Daten einlesen.

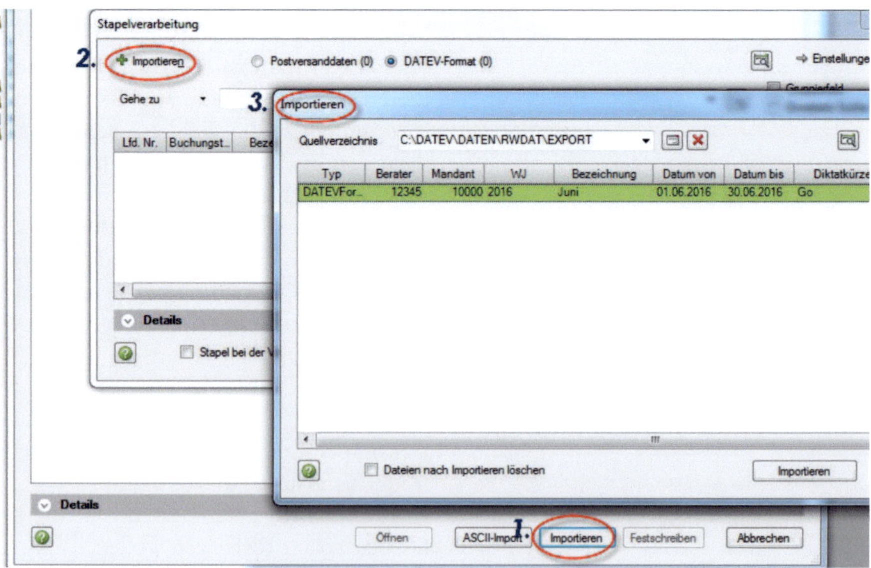

Das Programm prüft die eingelesenen Buchungssätze ab. Fehlerhafte Buchungen erscheinen in einem Fenster zur Kontrolle. Sie werden in diesem Fall gefragt, ob das Buchungspaket trotz Fehler verarbeitet werden soll oder ob Sie nachbessern wollen. Antworten Sie mit „Ja", werden lediglich die richtigen Buchungssätze verarbeitet. Die fehlerhaften Buchungssätze dagegen werden gelöscht. Bei „Nein" werden die Buchungssätze komplett in der Stapelerfassung aufgelistet. Sie können nun die mit einem „F" gekennzeichneten fehlerhaften Buchungssätze korrigieren.

Offene Posten (OPOS), Mahnwesen und Zahlungen

Für die Erfassung der Ein- und Ausgangsrechnungen sowie der Zahlungen gibt es in *Rechnungswesen* eine Vielzahl von Funktionen. Sie können unter „Ansicht" auswählen, ob Sie die Buchungssätze anstatt unter „Primanota" in „Fibu-Konto" oder „OPOS-Konto" erfassen möchten.

Zum Ausgleich eines offenen Postens geben Sie im Belegfeld 1 der Buchungszeile die Rechnungsnummer an.

Zusätzliche Funktionen bei **DATEV Mittelstand Faktura und Rechnungswesen pro**

- Die Mahnfunktionen unterstützt Sie bei der Überwachung der offenen Posten und dem Druck der Mahnungen bzw. Kontoauszüge. Abweichend von den allgemeinen OPOS-Stammdaten können Sie in den Debitorstammsätzen für jeden Kunden individuelle Mahnbedingungen hinterlegen. Unter „Auswertungen > Mahnwesen" können Sie sich Mahnvorschläge erstellen und diese nachbearbeitet ausdrucken.

- Bei den Zahlungsfunktionen können Sie Ihre eigenen Zahlungen abwickeln. Unter „Stammdaten > Mandantendaten OPOS" und in den Kreditorenstammdaten können Sie Zahlungsbedingungen hinterlegen. Der Punkt

„Auswertungen > Zahlungen“ bieten Ihnen Vorschläge zur fristgerechten Zahlung. Unter „Auswertungen > Lastschriften“ können Sie die Rechnungen Ihrer Kunden per Lastschrift einziehen lassen.

Die Jahresübernahme

Zu Beginn eines neuen Wirtschaftsjahres sind die Stammdaten aus dem Vorjahr zu übernehmen. Unter „Bestand > Jahresübernahme > Neues Wirtschaftsjahr“ eröffnen Sie in neues Buchhaltungsjahr.

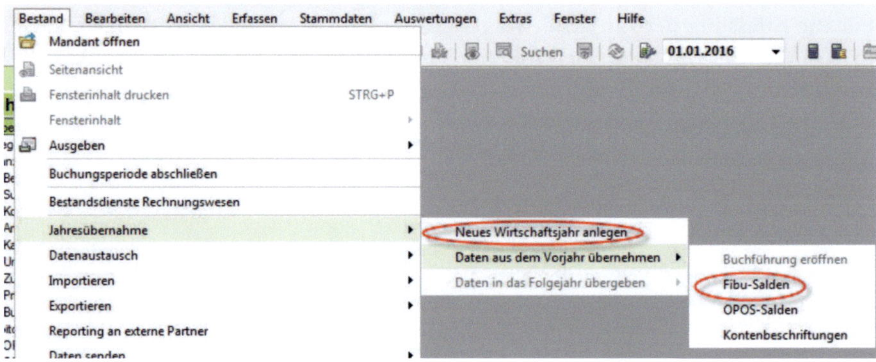

Saldenübernahme

Nach der Jahresübernahme können Sie die Schlusssalden aus dem Vorjahr als Eröffnungswerte im neuen Jahr vortragen lassen. Wählen Sie unter „Bestand > Jahresübernahme > Daten aus dem Vorjahr übernehmen > Fibu-Salden“ die zu übernehmenden Konten aus. Achten Sie darauf, tatsächlich nur die Schlussbilanzwerte zu übernehmen, in der Regel nur die Finanzkonten. Bei der Übergabe von Salden erzeugt das Programm einen Buchungsstapel mit “Eröffnungsbuchungen”

Daten an den Steuerberater übergeben

Auch wenn Sie mit *Rechnungswesen* die laufende Buchhaltung eigenständig abwickeln können, so gibt es gute Gründe Daten an den Steuerberater und die DATEV zurückzugeben:

Vom DATEV-Rechenzentrum werden USt-Voranmeldungen elektronisch übermittelt. Das verhindert Säumniszuschläge wegen Fristüberschreitung und bringt Liquiditätsvorteile durch späte Abbuchung.

Ihre Daten werden über 10 Jahre im DATEV-Archiv gesichert.

Sie erhalten einen Auswertungsdruck im Rechenzentrum, der Sie z. B. über Papiermengen an Kontenblättern oder Spezielle BWAs (betriebswirtschaftliche Auswertungen) informiert.

Sie nehmen am Betriebsvergleich mit anderen Unternehmen der gleichen Branche teil.

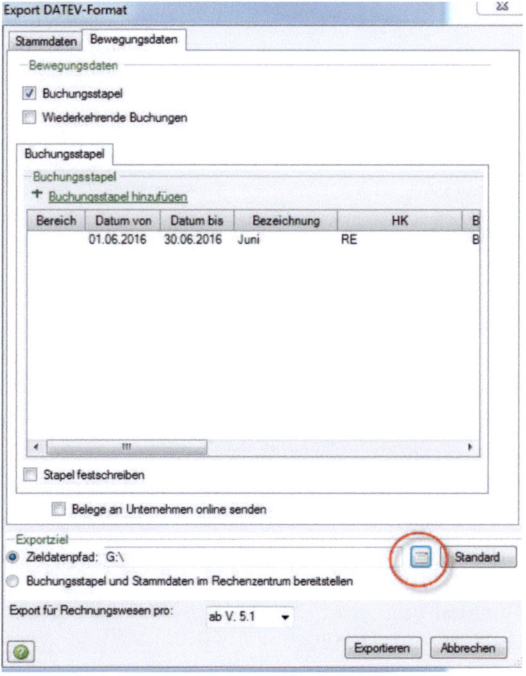

Ihre Buchhaltungsdaten werden von *Rechnungswesen* durch den Steuerberater an den Jahresabschluss übergeben.

Unter „Bestand >Exportieren >DATEV-Format“ stehen sämtliche Vorläufe wie Buchungssätze und Stammdaten zur Übertragung an den Steuerberater bereit. Wenn Sie vor Ort nicht über die Möglichkeit der Datenübermittlung verfügen, so können die Daten auch auf Datenstick aufgespielt werden. Klicken Sie den Verzeichnis-Button an, um das Ziellaufwerk auszuwählen.

Die Buchhaltung mit Rechnungswesen auswerten

Rechnungswesen kann die Erfassungsdaten unter „Auswertungen>Finanzbuchführ ung" vollständig aufbereiten.

- Betriebswirtschaftliche Auswertung
- BWA-Planwerte
- Summen- und Saldenliste
- Kontoblatt
- Arbeitskonto
- Kassen-/Bankbericht
- Umsatzsteuer-Voranmeldung
- Kontojahresübersicht
- Primanota
- Buchungsübersicht
- Journal
- Buchungsstatistik
- Zusammenfassende Meldung
- MOSS-Auswertung
- USt-IdNr. Prüfprotokoll
- USt 1/11
- Konsolidierung ▸

Wichtigste Auswertung der Buchhaltung sind die Umsatzsteuervoranmeldungen als Formulardruck und ein sogenanntes Werteblatt. Daneben werden bei Bedarf die zusammenfassende Meldung für EU-Umsatzsteuer und die Dauerfristverlängerung/Sondervorauszahlung 1/11 ausgegeben. Mit Summen- und Saldenliste, Kontoblatt, Primanota, OPOS-Konten -Listen sowie Fälligkeitslisten sind die Buchungssätze dokumentiert und zusammengefasst.
Rechnungswesen druckt ebenfalls BWAs, allerdings nur die Standardversionen:
kurzfristige Erfolgsrechnung,
Bewegungsbilanz,
statische Liquidität und
Vergleichs-BWA.

Umsatzsteuer: Voranmeldungen und EG-Meldungen

Die automatische Erstellung der Umsatzsteuervoranmeldung und der zusammenfassenden Meldung stellt eine große Erleichterung für Buchhalter dar. Ohne weiteres Zutun bereitet das DATEV-System die Monatswerte entsprechend den Angaben zur Steuerpflicht auf und druckt die ermittelten Beträge auf ein entsprechendes Formular: Adressen, Umsätze, MWSt, Vorsteuerbeträge und Umsatzsteuervorauszahlung.
In der Zusammenfassenden Meldung übernimmt das System die Zuordnung der EG-Lieferungen nach Land und USt-IdNr.
Zusammen mit der Dezember-Buchhaltung wird regelmäßig der Antrag auf Dauerfristverlängerung gestellt, wodurch Sie die USt-Vorauszahlungen um einen Monat aufschieben können. Die Abgabeverlängerung wird in der Regel nur nach einer Sondervorauszahlung gewährt, die 1/11 der Summe aller Vorauszahlungen des Jahres entspricht. Die DATEV kann deshalb bei den Dezember-Auswertungen bereits die Höhe dieses 1/11 bestimmen und einen solchen Antrag ausdrucken.
Zur Verprobung der Mehrwertsteuer, Vorsteuer und Vorauszahlungen stellt das Rechenzentrum die Umsatzsteuer-Jahreswerte zusammen.

Elster-Telemodul

Umsatzsteuervoranmeldungen ohne Rechenzentrum

Es dürfen nur noch elektronische Umsatzsteuervoranmeldungen eingereicht werden. Ohne Anbindung an das Rechenzentrum der DATEV bleibt die Übertragungsmöglichkeit über das Internet, entweder durch Ausfüllen der Formulare von ElsterFormular.de oder aber durch die Benutzung des Telemoduls.

Rechnungswesen wird deshalb mit dem Telemodul ausgeliefert, das gesondert installiert wird.

Wählen Sie unter Auswertungen - Umsatzsteuer-Voranmeldungen das UStVA-Formular. Mit der rechten Maustaste öffnen Sie in der Auswertung das Kontextmenü und wählen Sie zunächst „Elster Datei erzeugen" und anschließend "Elster Datei übertragen". Für die anschließende Übertragung der ELSTER-Datei benötigen Sie eine gültige ELSTER-Signatur (Registrierung über Ihre Steuernummer) und die Anschaltung an das Internet. Sobald die Übertragung geglückt ist, erhalten Sie ein Übertragungsprotokoll der übermittelten Daten.

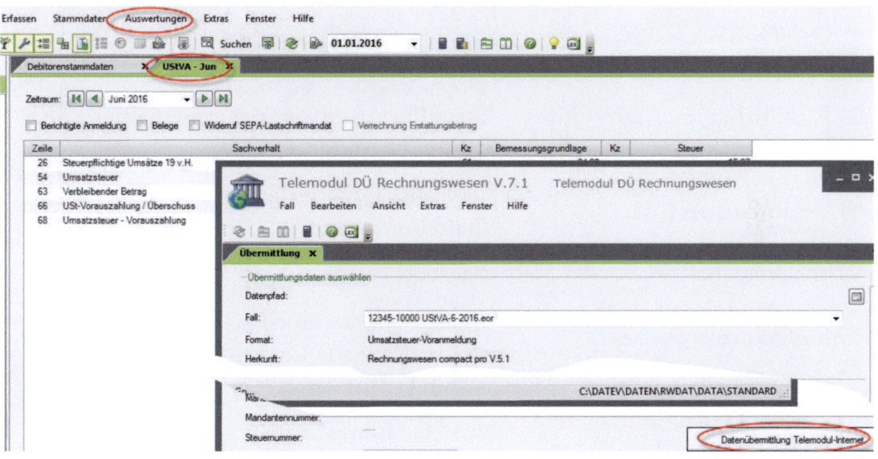

Betriebswirtschaftliche Auswertungen

Die DATEV als Genossenschaft der Steuerberater erstellt jeden Monat nach eigenen Angaben über 2 Millionen betriebswirtschaftliche Auswertungen. Bedauerlicherweise wandern die meisten dieser BWA ungelesen in die Buchhaltungsordner, denn sie sind oft unbrauchbar und unverständlich. Dabei könnten Sie den Auswertungen wichtige Informationen über die Wirtschaftlichkeit und die Entwicklung des Unternehmens entnehmen und daraufhin gezielt nachhaken.

BWA für alle Zwecke und Branchen

Die Vielzahl der BWA-Formen verwirrt vermutlich die Mehrzahl der Steuerberater, denn die Standard-DATEV-BWA ist die am häufigsten verwendete Auswertung. Dabei gibt es weitere Standardformen, die branchenübergreifend auf den jeweiligen Spezialkontenrahmen abgestellt sind:

BWA-Form	**Beschreibung**
01 DATEV-BWA	Branchenübergreifende Auswertungen
02 Kurzfristige Erfolgsrechnung	am Aktienrecht orientiertes GuVSchema in Staffelform zum Spezialkontenrahmen SKR 80/81 für Ärzte
05 Gesamtkosten-BWA	handelsrechtliches GuV-Schema in Staffelform nach § 275 Abs. 2 HGB
10 Steuerberater-BWA	Spezielle Auswertungen für eine Kanzlei
15 Kapitaldienstgrenze-BWA	finanz- und kreditwirtschaftliche Kennziffern wie Cash-flow und Kapitaldienstgrenze
20 Handwerks-BWA	auf Handwerksbetriebe zugeschnitten mit Aufteilung von Handwerk und Handel
43 Einnahmen-/Ausgaben-BWA	für Freiberufler und Kleinunternehmer, die den Gewinn durch Einnahmenüberschussrechnung nach § 4 Abs. 3 EStG ermitteln
44 Rechtsanwalts-BWA	Spezielle Auswertungen für eine Kanzlei

Wenn Sie Ihren Gewinn als Einnahmen-Überschuss feststellen oder eine der obigen Standards und Branchenlösungen auf Sie passt, so geben Sie sich nicht mit der Standard-BWA 01 zufrieden.

BWA Grundauswertungen

Zu den Grundauswertungen der DATEV-BWA gehören die kurzfristige Erfolgsrechnung, die Bewegungsbilanz und die statische Liquidität.

Kurzfristige Erfolgsrechnung

Die kurzfristige Erfolgsrechnung zeigt in der ersten Zahlenspalte eine gestaffelte Saldenliste der Erfolgskonten des betrachteten Monats. Als Zwischensummen können Sie ablesen:

- den Rohertrag/betrieblichen Rohertrag, der sich aus den betrieblichen Erlösen minus dem Waren- und Materialeinsatz ergibt,
- unterhalb der Zusammenstellung aller Kosten das Betriebsergebnis des Unternehmens,
- das neutrale Ergebnis und schließlich
- das vorläufige monatliche Ergebnis.

Im neutralen Ergebnis sind Aufwendungen untergebracht, die keine Kosten darstellen, sowie Verrechnungskonten zur Saldierung der kalkulatorischen Konten - also Werte, die eher buchungstechnisch als informativ zur Erfolgsermittlung beitragen. Die absoluten EUR-Beträge in der ersten Spalte werden in den rechts anschließenden drei Spalten in Beziehung gesetzt zur Gesamtleistung, zu den Gesamtkosten und zu den Personalkosten. Daraus ergeben sich z. B. Kennzahlen wie die Handelsspanne, die Personalaufwandsquote oder die Umsatzrendite.

In der vierten Spalte hinter den Monatswerten, mit „Aufschlag" überschrieben, stehen drei Kennziffern: (Material-) Warenverbrauch, Rohertrag und betrieblicher Rohertrag. Diese insgesamt fünf Spalten finden Sie rechts im Anschluss nochmals, diesmal jedoch mit den kumulierten Werten für die aufgelaufenen Monate des Jahres.

Bewegungsbilanz

In der Bewegungsbilanz sind die Kapitalflüsse des (Rumpf-) Jahres dargestellt, die Rückschlüsse auf die Kapitalverwendung und Kapitalherkunft zulassen. Dieser Aufstellung können Sie beispielsweise entnehmen, ob der erzielte Gewinn zum größeren Teil in das Anlagevermögen investiert wurde oder in die private Tasche geflossen ist.

Auf der linken Seite dieser Bilanz steht die Mittelverwendung als Zugang von Vermögenswerten (z. B. Kauf eines LKW) und der Verminderung von Passivposten (Tilgung eines Darlehens).

Auf der rechten Seite finden Sie die Mittelherkunft. Diese kann aus dem Abgang von Aktivposten herrühren (z. B. Abnahme des Warenbestandes durch Verkäufe) und aus der Erhöhung der Passiva (Privateinlagen). So kann auch festgestellt werden, wie auf der linken Seite ein „vorläufiger Verlust“ finanziell auf der rechten Seite aufgefangen wird - durch Verkauf des „Tafelsilbers“, neue Darlehen oder Einlagen der Anteilseigner

Statische Liquidität

Diese Auswertung bietet Informationen über die statische Liquidität des Unternehmens zum Monatsende mit Gegenüberstellung zum Vormonat. „Statisch“ nennt sich die Momentaufnahme zum Monats- bzw. Jahresende, weil weder Laufzeit der Kredite noch Zahlungsziele berücksichtigt sind.

Es werden drei verschiedene Liquiditätsgrade ermittelt:

Barliquidität

Die Barmittel Kasse, Bankguthaben und Postgiro sind ggf. dem Dispokredit und anderen kurzfristigen Verbindlichkeiten gegenübergestellt.

Liquidität 2. Grades

Hier stehen Barmittel und kurzfristige Forderungen im Verhältnis zu den kurzfristigen Verbindlichkeiten.

Liquidität 3. Grades

Dieser Liquiditätsgrad wird nur ausgewiesen, wenn der tatsächliche Wareneinsatz ermittelt bzw. wenn nicht die Methode Wareneinkauf = Wareneinsatz gewählt wurde.

Ein Deckungsgrad unter 1 bedeutet eine Unterdeckung der Schulden durch die liquid(ierbar)en Mittel. Ein Deckungsgrad über 1 bedeutet hingegen Überdeckung. Ihre Barmittel, Forderungen und ggf. Vorräte reichen hin, um die kurzfristigen Schulden abzudecken.

DATEV-Telefonservice

Viele Fragen zu den DATEV-Programmen werden in der Programmhilfe beantwortet. Eine weitergehende Info-Datenbank lässt sich über das Glühbirnen-Symbol im DATEV Arbeitsplatz oder im Internet unter http://www.datev.de/info-db aufrufen. Wenn aber sowohl die Hilfefunktion in den Programmen alsauch die Informationsdatenbank im Rechenzentrum nicht weiterhelfen, bietet die DATEV telefonischen Service an. Telefonische und schriftliche Anfragen werden pro Angelegenheit in der Regel mit 9 EURO zzgl. USt berechnet. Deshalb fragt die DATEV bei telefonischem Kontakt zunächst nach der Beraternummer und einer tagesaktuellen Service-TAN, um die Auskunftsberechtigung festzustellen.

Ohne Service-TAN kann der Rückruf unter der zur Authentifizierung bei DATEV gespeicherten Rufnummer vereinbart werden. Alternativ wird in DATEV Arbeitsplatz pro die TAN mit "Hilfe > Service-TAN > Service-TAN aktualisieren" über eine Anschaltung an das Rechenzentrum im Fenster Service-TAN angezeigt.
Während dieser Anwenderservice kostenpflichtig abgerechnet wird, können Sie Anregungen und Fehler bei der Reklamations-Hotline des betreffenden Programms anbringen zwischen 7.45 und 18.00 Uhr.
Die Installations-Hotline hilft bei Fragen zur Installation der DATEV-Programme unter der Nummer Tel.: 0911 319-7617.
Bei Problemen, die im Rahmen einer normalen Serviceanfrage nicht gelöst werden können bietet die DATEV mit Systemsupport online eine kostenpflichtige Fernbetreuung. Zur Terminvereinbarung rufen Sie die Servicenummer 0911 319-6444

Programm /Anwendung	Telefon 0911/319-
Abschlussprüfung classic	78 91
Anlagenbuchführung	86 01
Betriebsvergleich	86 00
Bilanzanalyse	86 01
Consulting	70 51
DATEV ACLTM comfort	67 70
Jahresabschluss	47 00
Kassen- und Warenerfassung für Office	36 21
Kostenrechnung	47 20
LODAS Vorerfassung online	58 00
Lohn und Gehalt Vorerfassung online	56 00
DATEV Mittelstand Faktura und Rechnungswesen pro	86 06
DATEV Mittelstand Faktura und Rechnungswesen compact pro	86 07
NESY	46 11
Rechnungswesen kommunal pro	34 01
Rechnungswesen-Archiv-DVD	86 06
Reisekosten	88 55
RZ-Kommunikation	34 57
Systemplattform	32 35
Telemodul DÜ Rechnungswesen	86 06
Unternehmen online	36 21
Unternehmensbewertung	42 54
Unternehmensplanung	42 54
Wirtschaftsberatung classic	42 54
Zahlungsverkehr	73 03

In dringenden Fällen steht der Eilservice unter der Nummer (09 11) 3 19-88 88 zur Verfügung. Dies ist ein individueller, kostenpflichtiger Service für Mitglieder mit unmittelbarer Erreichbarkeit und beschleunigter Bearbeitung, der ohne Servicevertrag pro Anruf mit 25 EUR (zzgl. Umsatzsteuer) zu Buche schlägt.

DATEV Kontenrahmen

SKR03 und SKR04
in alphabetischer Ordnung
Die Original-Kontenrahmen - numerisch und damit systematisch sortiert - sind im Internet unter www.datev.de im Dokument 11174.pdf bzw. 11175.pdf kostenfrei erhältlich

SKR03	SKR04	Kontenbeschriftung
4270	6340	Abgaben betrieblich genutzt. Grundbesitz
2316	4856	Abgang immaterielle VermögensG, RBW, BG
2311	6896	Abgang immaterielle VermögensG, RBW, BV
2327	6907	Abgang WG des UV § 4 Abs. 3 EStG
2328	6908	Abgang WG des UV § 4/3 z.T. nicht abz
2318	4858	Abgänge Finanzanlagen RBW z.T.stf., BG
2313	6898	Abgänge Finanzanlagen RBW z.T.stf., BV
2317	4857	Abgänge Finanzanlagen Restbuchwert, BG
2312	6897	Abgänge Finanzanlagen Restbuchwert, BV
2315	4855	Abgänge Sachanlagen Restbuchwert bei BG
2310	6895	Abgänge Sachanlagen Restbuchwert bei BV
2494	7394	Abgef. Gewinne / Gewinn-/Teilgewinnabf.
2492	7392	Abgef. Gewinne / Gewinngemeinschaft
2493	7399	Abgef. Gewinne stille Gesellschafter §8
992	3950	Abgrenzung unterjährige AfA für BWA
4957	6827	Abschluss- und Prüfungskosten
4893	6279	Abschr. fertige, unfert. EZ, unübl.hoch
4871	7204	Abschr. Finanzanl., zT.n.abz.(dauerhaft)
4866	7201	Abschr. Finanzanlagen (n. dauerhaft)
2441	6291	Abschr. Ford. ggb. Ges.ern, unübl. hoch
2440	6290	Abschr. Forderungen ggb.KapG, unübl.hoch
4824	6205	Abschr. Geschäfts- oder Firmenwert
4880	6270	Abschr. sonst. VG des UV, unübl. hoch
4850	6240	Abschreib.Sachanlagen/stl. So-Vorschr.

SKR03	SKR04	Kontenbeschriftung
2123	7323	Abschreibg. Disagio zur Finanzierung
2124	7324	Abschreibg. Disagio zur Finanzierung AV
4873	7255	Abschreibg. Finanzanl. §6b z.T. n.abz.
4833	6223	Abschreibung Arbeitszimmer
4870	7200	Abschreibung Finanzanlagen (dauerhaft)
4874	7250	Abschreibung Finanzanlagen § 6b EStG
4822	6200	Abschreibung immaterielle VermG
4823	6201	Abschreibung selbst geschaffene imm. VG
4860	6262	Abschreibungen auf aktivierte GWG
4831	6221	Abschreibungen auf Gebäude
4832	6222	Abschreibungen auf Kfz
4830	6220	Abschreibungen auf Sachanlagen
4886	6910	Abschreibungen auf Umlaufvermögen
4882	6272	Abschreibungen auf UV, steuerr. bedingt
4887	6912	Abschreibungen auf UV, steuerr. bedingt
4862	6264	Abschreibungen auf WG Sammelposten
4878	7217	Abschreibungen auf WP des UV, verb. UN
4877	7207	Abschreibungen Finanzanlagen, verb.UN
4892	6278	Abschreibungen RHB/Waren, unüblich hoch
4876	7214	Abschreibungen Wertpap. UV z.T. n.abz.
4875	7210	Abschreibungen Wertpapiere des UV
9979	9979	Abziehb. Zinsaufw. Vorjahre § 4h, (H)
9978	9978	Abziehb. Zinsaufw. Vorjahre § 4h, (S)
2386	6876	Abziehbare Aufsichtsratsvergütung
1570	1400	Abziehbare Vorsteuer
1585	1431	Abziehbare Vorsteuer § 13a UStG
1578	1408	Abziehbare Vorsteuer § 13b UStG
1577	1407	Abziehbare Vorsteuer § 13b UStG 19%
1576	1406	Abziehbare Vorsteuer 19%
1571	1401	Abziehbare Vorsteuer 7%

SKR03	SKR04	Kontenbeschriftung
1572	1402	Abziehbare Vorsteuer aus EU-Erwerb
1574	1404	Abziehbare Vorsteuer aus EU-Erwerb 19%
2106	7307	Abzinsung KSt-Erhöhungsbetrag § 38
4396	6436	Abzugsf.Verspätungszuschlag/Zwangsgeld
2103	7303	Abzugsfäh. and. Nebenleist. zu Steuern
1521	1375	Agenturwarenabrechnung
1731	3600	Agenturwarenabrechnung
25	130	Ähnliche Rechte und Werte
8995	4825	Akt. Eigenleistung selbst gesch. imm.VG
983	1950	Aktive latente Steuern
980	1900	Aktive Rechnungsabgrenzung
8990	4820	Andere aktivierte Eigenleistungen
310	510	Andere Anlagen
115	260	Andere Bauten
179	370	Andere Bauten
852	2937	Andere Ergebnisrücklagen
855	2960	Andere Gewinnrücklagen
8607	4833	Andere Nebenerlöse
9284	9284	Andere Verpflichtg. §285 Nr. 3a HGB v.UN
9283	9283	Andere Verpflichtungen § 285 Nr. 3a HGB
615	3120	Anleihen konvertibel
620	3125	Anleihen konvertibel(1-5 Jahre)
616	3121	Anleihen konvertibel(bis 1 Jahr)
625	3130	Anleihen konvertibel(größer 5 Jahre)
600	3100	Anleihen, nicht konvertibel
605	3105	Anleihen, nicht konvertibel (1-5 Jahre)
601	3101	Anleihen, nicht konvertibel (b. 1 Jahr)
610	3110	Anleihen, nicht konvertibel (g.5 Jahre)
1355	1378	Ansprüche a. Rückdeckungsversicherung
9807	9807	Anteil Bilanzgewinn/-verlust je Ges.er

SKR03	SKR04	Kontenbeschriftung
9982	9982	Anteil Gutschrift auf Verbindl.konten
9806	9806	Anteil Jahresüberschuss/-fehlbetrag
504	809	Anteile a.herrschender Gesellschaft
1344	1504	Anteile a.herrschender Gesellschaft
503	808	Anteile an herrsch. Gesellschaft, KapG
509	805	Anteile an herrsch. Gesellschaft, PersG
502	804	Anteile an verbundenen UN, KapG
501	803	Anteile an verbundenen UN, PersG
500	800	Anteile an verbundenen Unternehmen
1340	1500	Anteile an verbundenen Unternehmen
9102	9102	Anzahl der Barkunden
9118	9118	Anzahl Kreditkunden aufgelaufen
9117	9117	Anzahl Kreditkunden monatlich
9116	9116	Anzahl Rechnungen
129	720	Anzahlg. auf Bauten eigen. Grundstücken
189	750	Anzahlg. auf Bauten fremd. Grundstücken
159	735	Anzahlg. auf Wohnbauten a.eig.Grundst
499	795	Anzahlung Betriebs- u. Gesch.ausstattung
199	765	Anzahlungen a. Wohnbauten a. fremd. Gr.
79	705	Anzahlungen a.Grundstücke ohne Bauten
38	179	Anzahlungen auf Geschäfts-, Firmenwert
299	780	Anzahlungen auf technische Anlagen
39	170	Anzahlungen immaterielle VermG
2219	7639	Anzurechn. ausländische Quellensteuer
2092	7562	Ao Aufwendung Bilanzierungshilfen
2094	7563	Ao Aufwendung latente Steuern BilMoG
2091	7561	Ao Aufwendung Pensionsrückstellungen
2090	7560	Ao Aufwendung Übergangsvorschr. BilMoG
2001	7501	Ao Aufwendungen finanzwirksam
2005	7550	Ao Aufwendungen nicht finanzwirksam

SKR03	SKR04	Kontenbeschriftung
2593	7463	Ao Ertrag aus Wertpapieren UV BilMoG
2594	7464	Ao Ertrag Übergangsvorschr. latente St.
2590	7460	Ao Ertrag Übergangsvorschrift BilMoG
2592	7462	Ao Ertrag Zuschreibung FAV BilMoG
2591	7461	Ao Ertrag Zuschreibung SAV BilMoG
2501	7401	Ao Erträge finanzwirksam
2505	7450	Ao Erträge nicht finanzwirksam
4825	6209	Apl. Abschreib. Geschäfts-, Firmenwert
4827	6211	Apl. Abschreibung selbst gesch. imm.VG
4865	6266	Apl. Abschreibungen auf aktivierte GWG
4840	6230	Apl. Abschreibungen auf Sachanlagen
4826	6210	Apl. Abschreibungen immaterielle VermG
516	840	Atypische stille Beteiligungen
1788	3850	Aufgeschobene Einfuhr-Umsatzsteuer
2284	7644	Auflösung Gewerbesteuerrückstellung
2283	7643	Auflösung GewSt-Rückstellg. § 4/5b
2289	7694	Auflösung Rückstellung s. Steuern
1581	1481	Auflösung Vorsteuer Vorjahr § 4/3 EStG
4653	6643	Aufmerksamkeiten
9140	9140	Auftragsbestand
9135	9135	Auftragseingang im Geschäftsjahr
2146	7364	Aufw. Abzins. Pensions-/ähnl. RS,Verr
2145	7363	Aufw. Abzinsung Pensions-/ähnl. Rückst.
2148	7366	Aufw. Abzinsung Rückstellung n. abz.
4168	6148	Aufw. Altersversorg. Mituntern. §15 EStG
2147	7365	Aufw. aus VermG zur Verrechnung § 246/2
2007	7553	Aufw. für Restrukturierung u. Sanierung
2250	7645	Aufw. Zuführg/Auflösung latente Steuern
2260	7646	Aufw. Zuführung zu Steuerrückst. BStBK
4969	6859	Aufwand Abraum-/Abfallbeseitigung

SKR03	SKR04	Kontenbeschriftung
4790	6790	Aufwand für Gewährleistungen
985	1930	Aufwand Umsatzsteuer auf Anzahlungen
984	1920	Aufwand Zölle und Verbrauchsteuern
978	3098	Aufwandsrückstellungen §249, 2 HGB a.F.
2151	6881	Aufwend. Währungsumrechnung nicht §256a
4975	6856	Aufwendg. Anteile KapGes z.T. n. abz.
2166	6883	Aufwendg. Bewertung Finanzmittelfonds
4159	6079	Aufwendung Urlaubsrückst. Minijobber
4157	6077	Aufwendung Urlaubsrückstellg Ges.er-GF
4158	6078	Aufwendung Urlaubsrückstellg MU § 15
4156	6076	Aufwendung Veränderung Urlaubsrückst.
4289	6349	Aufwendung. Arbeitszimmer n.abz. Anteil
4288	6348	Aufwendung. Arbeitszimmer, abz. Anteil
4166	6149	Aufwendungen Altersversorgung Ges.er-GF
2347	6918	Aufwendungen aus Erwerb eigener Anteile
2490	7390	Aufwendungen aus Verlustübernahme
2150	6880	Aufwendungen aus Währungsumrechnungen
4000	5000	Aufwendungen f. RHB und bezogene Waren
4165	6140	Aufwendungen für Altersversorgung
4963	6838	Aufwendungen für bewegliche WG, GewSt
4964	6837	Aufwendungen für Lizenzen, Konzessionen
4211	6317	Aufwendungen für unbewegliche WG, GewSt
4169	6160	Aufwendungen für Unterstützung
1567	1417	Aufzuteil. Vorsteuer §§ 13a/13b UStG
1569	1419	Aufzuteil. Vorsteuer §§13a/13b USt 19%
1563	1413	Aufzuteil. Vorsteuer aus EU-Erwerb 19%
1560	1410	Aufzuteilende Vorsteuer
1566	1416	Aufzuteilende Vorsteuer 19%
1561	1411	Aufzuteilende Vorsteuer 7%
1562	1412	Aufzuteilende Vorsteuer aus EU-Erwerb

SKR03	SKR04	Kontenbeschriftung
4730	6740	Ausgangsfrachten
1796	3786	Ausgegebene Geschenkgutscheine
4139	6440	Ausgleichsabgabe SchwerbehindertenG
945	2995	Ausgleichsposten Entnahmen § 4g EStG
9882	9882	Ausgleichsposten f. aktiv. Bilanz.hilfen
9880	9880	Ausgleichsposten f. aktiv. eig. Anteile
4190	6030	Aushilfslöhne
584	962	Ausleih. an persönlich haftende Ges.er
583	964	Ausleih. an stille Gesellschafter
520	880	Ausleih. an UN mit Beteiligungsverh.
580	960	Ausleihungen an Gesellschafter
582	961	Ausleihungen an GmbH-Gesellschafter
586	963	Ausleihungen an Kommanditisten
590	970	Ausleihungen an nahe stehende Personen
524	885	Ausleihungen an UN mit Beteilig., KapG
523	883	Ausleihungen an UN mit Beteilig., PersG
508	815	Ausleihungen an verbundene UN, EinzelUN
507	814	Ausleihungen an verbundene UN, KapG
506	813	Ausleihungen an verbundene UN, PersG
505	810	Ausleihungen an verbundene Unternehmen
146	310	Außenanlagen
176	390	Außenanlagen
111	280	Außenanlagen für Geschäfts-u.a.Bauten
4842	6232	Außergewöhnliche Abschreibung auf Kfz
4841	6231	Außergewöhnliche Abschreibung Gebäude
4843	6233	Außergewöhnliche Abschreibung so. WG
1850	2280	Außergewöhnliche Belastungen
1950	2680	Außergewöhnliche Belastungen TH
2000	7500	Außerordentliche Aufwendungen
2500	7400	Außerordentliche Erträge

SKR03	SKR04	Kontenbeschriftung
830	1298	Ausstehende Einlage eingefordert
9940	70	Ausstehende Einlage Kommanditkapital, nicht eingefordert
9920	50	Ausstehende Einlage Komplementärkapital, nicht eingefordert
820	2910	Ausstehende Einlage nicht eingefordert
1200	1800	Bank
1110	1710	Bank (Postbank 1)
1120	1720	Bank (Postbank 2)
1130	1730	Bank (Postbank 3)
1100	1700	Bank (Postbank)
1210	1810	Bank 1
1220	1820	Bank 2
1230	1830	Bank 3
1240	1840	Bank 4
1250	1850	Bank 5
3120	5920	Bauleistungen § 13b 19% Vorst., 19% USt
3110	5910	Bauleistungen § 13b 7% Vorsteuer, 7% USt
3140	5940	Bauleistungen § 13b ohne Vorst., 19% USt
3130	5930	Bauleistungen § 13b ohne Vorst., 7% USt
80	230	Bauten auf eigenen Grundstücken
160	330	Bauten auf fremden Grundstücken
4180	6045	Bedienungsgelder
4380	6420	Beiträge
4138	6120	Beiträge zur Berufsgenossenschaft
9980	9980	Belastung auf Verbindlichkeitskonten
9103	9103	Beschäftigte Personen
9200	9200	Beschäftigte Personen
1315	1269	Besitzwechs.gg.verb.UN, bundesbankfähig
1310	1266	Besitzwechsel gegen verbund. Unternehmen
1311	1267	Besitzwechsel gegen verbundene UN (b.1J)
1312	1268	Besitzwechsel gegen verbundene UN (g.1J)

SKR03	SKR04	Kontenbeschriftung
1320	1286	Besitzwechsel gg.UN m. Beteiligungsverh.
1321	1287	Besitzwechsel gg.UN m.Beteiligg.verh.b1J
1325	1289	Besitzwechsel gg.UN m.Beteiligg.verh.bbf
1322	1288	Besitzwechsel gg.UN m.Beteiligg.verh.g1J
8960	4810	Bestandsveränd.unfertige Erzeugnisse
8977	4818	Bestandsveränderung Aufträge in Arbeit
8975	4816	Bestandsveränderung Bauaufträge
8980	4800	Bestandsveränderung fertige Erzeugnisse
3960	5880	Bestandsveränderung RHB-Stoffe / Waren
8970	4815	Bestandsveränderung unfertige Leistung
3955	5885	Bestandsveränderungen RHB
3950	5881	Bestandsveränderungen Waren
519	829	Beteiligung GmbH&Co.an Komplementär GmbH
510	820	Beteiligungen
517	850	Beteiligungen an Kapitalgesellschaft
518	860	Beteiligungen an Personengesellschaft
498	785	Betriebs- u. Gesch.ausstattung im Bau
300	500	Betriebs- und Geschäftsausstattung
400	630	Betriebsausstattung
280	470	Betriebsvorrichtungen
9963	9963	Bewertungskorr. Verbindl.Kreditinstitut
9962	9962	Bewertungskorrektur Guth. Kreditinstitut
9960	9960	Bewertungskorrektur zu Forderungen L+L
9961	9961	Bewertungskorrektur zu sonst. Verbindl.
9965	9965	Bewertungskorrektur zu sonstigen VermG
9964	9964	Bewertungskorrektur zu Verbindlichk. L+L
4650	6640	Bewirtungskosten
3800	5800	Bezugsnebenkosten
9987	9987	Bilanzberichtigung
4955	6830	Buchführungskosten

SKR03	SKR04	Kontenbeschriftung
1195	1790	Bundesbankguthaben
4930	6815	Bürobedarf
420	650	Büroeinrichtung
986	1940	Damnum/Disagio
550	940	Darlehen
1550	1360	Darlehen
1705	3560	Darlehen
1707	3564	Darlehen 1-5 Jahre
774	3534	Darlehen atyp. stiller Gesellsch.(1-5J)
771	3531	Darlehen atyp. stiller Gesellsch.(b.1J)
777	3537	Darlehen atyp. stiller Gesellsch.(g.5J)
770	3530	Darlehen atyp. stiller Gesellschafter
1551	1361	Darlehen bis 1 Jahr
1706	3561	Darlehen bis 1 Jahr
1555	1365	Darlehen g. 1 Jahr
1708	3567	Darlehen g. 5 Jahre
764	3524	Darlehen typ. stiller Gesellsch.(1-5J)
761	3521	Darlehen typ. stiller Gesellsch.(b.1J)
767	3527	Darlehen typ. stiller Gesellsch.(g.5J)
760	3520	Darlehen typ. stiller Gesellschafter
2130	7340	Diskontaufwendungen
2139	7349	Diskontaufwendungen an verbundene UN
2670	7130	Diskonterträge
2679	7139	Diskonterträge verbundene Unternehmen
1590	1370	Durchlaufende Posten
27	135	EDV-Software
44	144	EDV-Software
4125	6050	Ehegattengehalt
856	2962	Eigenkapitalanteil von Wertaufholungen
450	680	Einbauten in fremde Grundstücke

SKR03	SKR04	Kontenbeschriftung
1588	1433	Einfuhrumsatzsteuer
4651	6641	Eingeschr. abziehb. BA, abz. Anteil
4652	6642	Eingeschr. abziehb. BA, n. abz. Anteil
3071	5171	Einkauf RHB 10,7% Vorsteuer
3030	5130	Einkauf RHB 19% Vorsteuer
3070	5170	Einkauf RHB 5,5% Vorsteuer
3010	5110	Einkauf RHB 7% Vorsteuer
3076	5176	Einkauf RHB aus USt-Lager 19% Vorst./USt
3075	5175	Einkauf RHB aus USt-Lager 7% Vorst./USt
3067	5167	Einkauf RHB, EU-Erw.ohne Vorst., 19% USt
3066	5166	Einkauf RHB, EU-Erw.ohne Vorst., 7% USt
3062	5162	Einkauf RHB, EU-Erwerb 19% Vorst./USt
3060	5160	Einkauf RHB, EU-Erwerb 7% Vorst./USt
3000	5100	Einkauf Roh-,Hilfs- und Betriebsstoffe
113	290	Einrichtungen für Geschäfts-u.a.Bauten
178	398	Einrichtungen für Geschäfts-u.a.Bauten
148	320	Einrichtungen für Wohnbauten
2498	7770	Einstellg Rücklage aktiv.eigene Anteile
2481	7781	Einstellung gesamth.geb. Rücklagen (KKE)
2485	7785	Einstellung in andere Ergebnisrücklagen
2451	6923	Einstellung in die EWB auf Forderungen
2450	6920	Einstellung in die PWB auf Forderungen
2480	7773	Einstellung Rücklage Anteil herrsch.UN
2499	7780	Einstellungen andere Gewinnrücklagen
2496	7765	Einstellungen gesetzliche Rücklage
2345	6927	Einstellungen in steuerliche Rücklage
2495	7760	Einstellungen Kapitalrücklage
2497	7775	Einstellungen satzungsmäß. Rücklage
2339	6929	Einstellungen stl. Rücklage § 4g EStG
2343	6924	Einstellungen stl. Rücklage § 6b Abs.10

SKR03	SKR04	Kontenbeschriftung
2342	6922	Einstellungen stl. Rücklage § 6b Abs.3
2344	6928	Einstellungen stl. Rücklage R 6.6 EStR
1524	1394	Einzahlungsanspruch Nebenleist/Zuzahlung
998	1246	Einzelwertberichtigung Forderung(b.1J)
999	1247	Einzelwertberichtigung Forderung(g.1J)
3090	5190	Energiestoffe
3092	5192	Energiestoffe (Fertigung) 19% Vorst.
3091	5191	Energiestoffe (Fertigung) 7% Vorsteuer
10	100	Entgeltl. erworbene Konzessionen, Rechte
2850	7744	Entnahme a. anderen Ergebnisrücklagen
2841	7751	Entnahme gesamth. geb. Rücklagen (KKE)
2798	7740	Entnahme Rücklage aktiv.eigene Anteile
2840	7743	Entnahme Rücklage Anteile herrsch. UN
8910	4620	Entnahme Unternehmer (Waren) 19% USt
8915	4610	Entnahme Unternehmer (Waren) 7% USt
8917	4616	Entnahme Unternehmer (Waren) 7% USt
8919	4619	Entnahme Unternehmer (Waren) ohne USt
8905	4605	Entnahme von Gegenständen ohne USt
2799	7750	Entnahmen aus anderen Gewinnrücklagen
2796	7735	Entnahmen aus der gesetzl. Rücklage
2795	7730	Entnahmen aus Kapitalrücklagen
2797	7745	Entnahmen satzungsmäßige Rücklagen
9986	9986	Ergebnisverteilung auf Fremdkapital
3151	5951	Erh. Skonti Leistg. § 13b 19% Vorst/USt
3154	5954	Erh. Skonti Leistg. § 13b o.Vorst/19%USt
3153	5953	Erh. Skonti Leistg. § 13b o.Vorst/m.USt
3792	5792	Erh.Skonti RHB letz.Abn.DG 19% Vorst/USt
3793	5793	Erh.Skonti Waren DG letz.Abn.19% Vor/USt
3748	5748	Erhalt. Skonti EU-Erwerb 19% Vorst/USt
3746	5746	Erhalt. Skonti EU-Erwerb 7% Vorst/USt

SKR03	SKR04	Kontenbeschriftung
3741	5741	Erhalt. Skonti RHB EU-Erw. 19%Vorst/USt
3743	5743	Erhalt. Skonti RHB EU-Erw. 7% Vorst/USt
1720	3284	Erhaltene Anzahlungen (1-5 Jahre)
1719	3280	Erhaltene Anzahlungen (bis 1 Jahr)
1721	3285	Erhaltene Anzahlungen (g. 5 Jahre)
1716	3271	Erhaltene Anzahlungen 15% USt
1717	3270	Erhaltene Anzahlungen 16% USt
1718	3272	Erhaltene Anzahlungen 19% USt
1711	3260	Erhaltene Anzahlungen 7% USt
1710	1190	Erhaltene Anzahlungen auf Bestellungen
1722	3250	Erhaltene Anzahlungen auf Bestellungen
2641	7030	Erhaltene Ausgleichszahlungen
3769	5769	Erhaltene Boni
3760	5760	Erhaltene Boni 19% Vorsteuer
3750	5750	Erhaltene Boni 7% Vorsteuer
3753	5753	Erhaltene Boni aus Einkauf RHB
3755	5755	Erhaltene Boni Einkauf RHB 19% Vorst.
3754	5754	Erhaltene Boni Einkauf RHB 7% Vorst.
1732	3550	Erhaltene Kautionen
1734	3554	Erhaltene Kautionen (1-5 Jahre)
1733	3551	Erhaltene Kautionen (bis 1 Jahr)
1735	3557	Erhaltene Kautionen (größer 5 Jahre)
3770	5770	Erhaltene Rabatte
3790	5790	Erhaltene Rabatte 19% Vorsteuer
3780	5780	Erhaltene Rabatte 7% Vorsteuer
3783	5783	Erhaltene Rabatte aus Einkauf RHB
3785	5785	Erhaltene Rabatte Einkauf RHB 19%Vorst
3784	5784	Erhaltene Rabatte Einkauf RHB 7% Vorst
3730	5730	Erhaltene Skonti
3796	5796	Erhaltene Skonti 10,7% Vorsteuer

SKR03	SKR04	Kontenbeschriftung
3736	5736	Erhaltene Skonti 19% Vorsteuer
3794	5794	Erhaltene Skonti 5,5% Vorsteuer
3731	5731	Erhaltene Skonti 7% Vorsteuer
3733	5733	Erhaltene Skonti Einkauf RHB
3738	5738	Erhaltene Skonti Einkauf RHB 19%Vorst
3734	5734	Erhaltene Skonti Einkauf RHB 7% Vorst
3745	5745	Erhaltene Skonti EU-Erwerb
3150	5950	Erhaltene Skonti Leistungen §13b UStG
3788	5788	Erhaltene Skonti RHB 10,7% Vorsteuer
3798	5798	Erhaltene Skonti RHB 5,5% Vorsteuer
3744	5744	Erhaltene Skonti RHB aus EU-Erwerb
9912	9912	Erhöhung der Entnahmen § 4, 4a EStG
8200	4200	Erlöse
8340	4340	Erlöse 16% USt
8400	4400	Erlöse 19% USt
8410	4410	Erlöse 19% USt
8300	4300	Erlöse 7% USt
8520	4510	Erlöse Abfallverwertung
8337	4337	Erlöse aus Leistungen nach § 13b UStG
8335	4335	Erlöse aus Lieferungen § 13b/2 Nr. 10
8331	4331	Erlöse elektr.DL im anderen EU-Land stpf
8330	4330	Erlöse EU-Lieferungen 16% USt
8315	4315	Erlöse EU-Lieferungen 19% USt
8310	4310	Erlöse EU-Lieferungen 7% USt
8196	4186	Erlöse Geldspielautomaten 19% USt
8190	4180	Erlöse gemäß § 24 UStG
8195	4185	Erlöse Kleinunternehmer § 19 UStG
8540	4520	Erlöse Leergut
8827	4844	Erlöse Sachanlageverkäufe §4 Nr.1a,BG
8807	6884	Erlöse Sachanlageverkäufe §4 Nr.1a,BV

SKR03	SKR04	Kontenbeschriftung
8828	4848	Erlöse Sachanlageverkäufe §4 Nr.1b,BG
8808	6888	Erlöse Sachanlageverkäufe §4 Nr.1b,BV
8820	4845	Erlöse Sachanlageverkäufe 19% USt, BG
8801	6885	Erlöse Sachanlageverkäufe 19% USt, BV
8829	4849	Erlöse Sachanlageverkäufe Buchgewinn
8800	6889	Erlöse Sachanlageverkäufe Buchverlust
8853	4869	Erlöse Verkauf WG des UV § 4/3 EStG
8850	4865	Erlöse Verkauf WG des UV §4/3, 19% USt
8851	4866	Erlöse Verkauf WG des UV §4/3, stfrei
8839	4852	Erlöse Verkäufe Finanzanl. z.T.stfr,BG
8819	6892	Erlöse Verkäufe Finanzanl. z.T.stfr,BV
8838	4851	Erlöse Verkäufe Finanzanlagen, BG
8818	6891	Erlöse Verkäufe Finanzanlagen, BV
8837	4850	Erlöse Verkäufe immaterielle VermG, BG
8817	6890	Erlöse Verkäufe immaterielle VermG, BV
2752	4862	Erlöse Vermietung u.Verpachtung 19% USt
2751	4861	Erlöse Vermietung u.Verpachtung ustfrei
8727	4727	Erlösschmäl.i.and.EU-Ld.stpfl.Liefer.
8729	4729	Erlösschmälerung EU-Lieferung 16% USt
8726	4726	Erlösschmälerung EU-Lieferung 19% USt
8725	4725	Erlösschmälerung EU-Lieferung 7% USt
8724	4724	Erlösschmälerung EU-Lieferung steuerfrei
8700	4700	Erlösschmälerungen
8723	4723	Erlösschmälerungen 16% USt
8720	4720	Erlösschmälerungen 19% USt
8710	4710	Erlösschmälerungen 7% USt
8705	4705	Erlösschmälerungen steuerfrei §4 Nr. 1a
8604	4838	Erstattete Vorsteuer anderer Länder
2287	7692	Erstattung VJ für sonstige Steuern
2749	4972	Erstattungen AufwendungsausgleichsG

SKR03	SKR04	Kontenbeschriftung
2686	7144	Ertr. Abzins. Pensions-/ähnl. RS,Verr
2685	7143	Ertr. Abzinsung Pensions-/ähnl. Rückst.
2687	7145	Ertr. aus VermG zur Verrechnung § 246/2
2622	7012	Ertr. Ausleihungen FAV an verbund. UN
2621	7011	Ertr. Ausleihungen Finanzanlagevermögen
2603	7004	Ertr. Beteiligungen an PersG, verb. UN
2682	7140	Ertrag Abzinsung Rückstellung stfrei
2745	7755	Erträge a. Kapitalherabsetzung
2619	7009	Erträge a.Beteilig. an verbundenen UN
2625	7014	Erträge a.Beteilig. FAV z.T. steuerfrei
2655	7103	Erträge a.Beteilig. UV z.T. steuerfrei
2616	7006	Erträge a.Beteilig. verb. UN z.T. stfrei
2656	7104	Erträge a.Beteilig. verb. UN z.T. stfrei
2626	7015	Erträge a.Beteilig. verb.UN z.T. stfrei
2760	4987	Erträge Aktivierung unentgeltl.erworb VG
2647	7017	Erträge andere WP FAV an KapG, verb.UN
2648	7018	Erträge andere WP FAV an PersG,verb.UN
2623	7013	Erträge Anteile an PersG, FAV
2646	7016	Erträge Anteile PersG, verbundene UN
2740	4935	Erträge Auflösung steuerliche Rücklage
2265	7648	Erträge Auflösung Steuerrückst. BStBK
2737	4938	Erträge Auflösung stl. Rücklage § 4g
2727	4927	Erträge Auflösung stl. Rücklage § 6b/3
2739	4936	Erträge Auflösung stl. Rücklage § 7g/2
2738	4939	Erträge Auflösung stl. Rücklage §52/16
2728	4928	Erträge Auflösung stl. Rücklage §6b/10
2729	4929	Erträge Auflösung stl. Rücklage R 6.6
2741	4937	Erträge Auflösung stl. Sonderabschr.
2735	4930	Erträge Auflösung von Rückstellungen
2726	4906	Erträge aus Abgang UV z.T. steuerfrei

SKR03	SKR04	Kontenbeschriftung
2720	4900	Erträge aus Abgang von AV-Gegenständen
2725	4905	Erträge aus Abgang von UV-Gegenständen
2732	4925	Erträge aus abgeschriebenen Forderg.
2600	7000	Erträge aus Beteiligungen
2615	7005	Erträge aus Beteiligungen z.T. steuerfr
2660	4840	Erträge aus der Währungsumrechnung
2731	4923	Erträge aus Herabsetzung EWB auf Ford
2730	4920	Erträge aus Herabsetzung PWB auf Ford
2790	7190	Erträge aus Verlustübernahme
2764	4992	Erträge aus Verwaltungskostenumlagen
2666	4843	Erträge Bewertung Finanzmittelfonds
2736	4932	Erträge Herabsetzung Verbindlichkeit
2723	4901	Erträge Veräuß.Ant. KapGes z.T. stfrei
2506	7452	Erträge Verkauf bedeutende Beteiligung
2507	7453	Erträge Verkauf bedeutende Grundstücke
2504	7451	Erträge Verschmelzung und Umwandlung
2661	4847	Erträge Währungsumrechnung nicht §256a
2620	7010	Erträge Wertpapiere/Ausleihungen FAV
2654	7115	Erträge Wertpapiere/Ausleihungen UV
2649	7019	Erträge Wertpapiere/FAV-Ausl.verb.UN
2255	7649	Erträge Zuführg/Auflösg latente Steuern
2713	4913	Erträge Zuschreibg. FAV z.T. steuerfrei
2712	4912	Erträge Zuschreibg. Finanzanlagevermögen
2711	4911	Erträge Zuschreibg. immat. Anlagevermög.
2710	4910	Erträge Zuschreibg. Sachanlagevermögen
2716	4916	Erträge Zuschreibg. UV z.T. steuerfrei
2714	4914	Erträge Zuschreibg. z.T. steuerfrei
2715	4915	Erträge Zuschreibung Umlaufvermögen
9120	9120	Erweiterungsinvestitionen
3552	5552	Erwerb 1. Abnehmer im Dreiecksgeschäft

SKR03	SKR04	Kontenbeschriftung
3089	5189	Erwerb RHB letzter Abn.DG 19% Vorst/USt
3553	5553	Erwerb Waren letzt. Abn.DG 19% Vorst/USt
819	2909	Erworbene eigene Anteile
3440	5440	EU-Erw. Nfz o.UStID 19% Vorsteuer/USt
3425	5425	EU-Erwerb 19% Vorsteuer und 19% USt
3420	5420	EU-Erwerb 7% Vorsteuer und 7% USt
3435	5435	EU-Erwerb ohne Vorsteuer und 19% USt
3430	5430	EU-Erwerb ohne Vorsteuer und 7% USt
100	250	Fabrikbauten
170	350	Fabrikbauten
4678	6688	Fahrten Wohng./Betrieb/Familie, abz.
4680	6690	Fahrten Wohng./Betrieb/Familie, Haben
4679	6689	Fahrten Wohng./Betrieb/Familie, n.abz
4175	6090	Fahrtkostenerstatt. Whg./Arbeitsstätte
4500	6500	Fahrzeugkosten
813	2906	Fällige Einzahl. Geschäftsant. vermerkt
5	90	Fällige Einzahlung auf Geschäftsanteile
7110	1110	Fertige Erzeugnisse
7100	1100	Fertige Erzeugnisse und Waren
9170	9170	Festkapital - Umbuchungen VH
870	2000	Festkapital (EK)
535	920	Festverzinsliche Wertpapiere
1290	1890	Finanzmittelanlagen kurzfr. Disposition
1327	1520	Finanzwechsel
1505	1320	Ford.geg.Aufsichtsrats-u.Beirats-Mitgl
2402	6932	Forder.verluste aus stfr. EU-Lieferungen
1543	1456	Forderg. an FA aus abgeführtem Bauabzug
1491	1251	Forderg. aus L+L gg.Gesellschafter b.1 J
1495	1255	Forderg. aus L+L gg.Gesellschafter g.1 J
1447	1217	Forderg. aus stfr., n. steuerbaren L+L

SKR03	SKR04	Kontenbeschriftung
1530	1340	Forderg. gg. Personal Lohn- und Gehalt
1598	1281	Forderg. gg. UN mit Beteiligg.verh. b.1J
1599	1285	Forderg. gg. UN mit Beteiligg.verh. g.1J
1480	1290	Forderg. L+L gg.UN m. Beteiligungsverh.
1481	1291	Forderg. L+L gg.UN m.Beteiligg.verh.b1J
1485	1295	Forderg. L+L gg.UN m.Beteiligg.verh.g1J
1451	1221	Forderg.a. Lieferungen/Leistungen b.1 J
1455	1225	Forderg.a. Lieferungen/Leistungen g.1 J
1540	1435	Forderung aus Gewerbesteuerüberzahlung
1544	1457	Forderung gegenüber Bundesagentur
1374	1328	Forderung gg.Komm., atyp.st. Ges.er b1J
1375	1329	Forderung gg.Komm., atyp.st. Ges.er g1J
1373	1327	Forderung gg.Kommanditist, atyp.st.Ges.
1445	1215	Forderungen aus L+L allgem. Steuersatz
1446	1216	Forderungen aus L+L ermäßigt. Steuersatz
1448	1218	Forderungen aus L+L gemäß § 24 UStG
1490	1250	Forderungen aus L+L gg. Gesellschafter
1471	1271	Forderungen aus L+L gg. verbund. UN b.1J
1475	1275	Forderungen aus L+L gg. verbund. UN g.1J
1470	1270	Forderungen aus L+L gg. verbundene UN
1400	1200	Forderungen aus Lieferungen u.Leistung
1401	1201	Forderungen aus Lieferungen u.Leistung
1410	1210	Forderungen aus Lieferungen u.Leistung
1547	1427	Forderungen aus Verbrauchsteuern
1503	1310	Forderungen gegen Geschäftsführer
1382	1308	Forderungen gegen GmbH-Ges.er, b1J
1383	1309	Forderungen gegen GmbH-Ges.er, g1J
1381	1307	Forderungen gegen GmbH-Gesellschafter
1531	1341	Forderungen gegen Personal (bis 1Jahr)
1537	1345	Forderungen gegen Personal (g. 1Jahr)

SKR03	SKR04	Kontenbeschriftung
1507	1330	Forderungen gegen sonstige Ges.er
1507	1331	Forderungen gegen sonstige Ges.er, b1J
1508	1335	Forderungen gegen sonstige Ges.er, g1J
1594	1260	Forderungen gegen verbund.Unternehmen
1519	1391	Forderungen gg. Arbeitsgemeinschaften
1505	1321	Forderungen gg. Aufsichtsratsm. (b.1 J)
1506	1325	Forderungen gg. Aufsichtsratsm. (g.1 J)
1503	1311	Forderungen gg. Geschäftsf.(b.1J)
1504	1315	Forderungen gg. Geschäftsf.(g.1J)
1386	1318	Forderungen gg. persönl.haft. Ges., b1J
1387	1319	Forderungen gg. persönl.haft. Ges., g1J
1385	1317	Forderungen gg. persönl.haftende Ges.er
1377	1338	Forderungen gg. typ.stille Ges.er, b1J
1378	1339	Forderungen gg. typ.stille Ges.er, g1J
1376	1337	Forderungen gg. typisch stille Ges.er
1597	1280	Forderungen gg. UN m. Beteiligungsverh.
1595	1261	Forderungen gg. verbundene UN(b. 1 J)
1596	1265	Forderungen gg. verbundene UN(g. 1 J)
1520	1369	Forderungen ggb. Krankenkasse aus AAG
1450	1220	Forderungen nach § 11 EStG für § 4/3
9245	9245	Forderungen Sachanlagenverkäufe
9246	9246	Forderungen Verkäufe immat.Vermögensg.
9247	9247	Forderungen Verkäufe von Finanzanlagen
2400	6280	Forderungsverluste
2430	6930	Forderungsverluste
2407	6937	Forderungsverluste 15% USt
2437	6287	Forderungsverluste 15% USt (unübl.hoch)
2405	6935	Forderungsverluste 16% USt
2435	6285	Forderungsverluste 16% USt (unübl.hoch)
2406	6936	Forderungsverluste 19% USt

SKR03	SKR04	Kontenbeschriftung
2436	6286	Forderungsverluste 19% USt (unübl.hoch)
2401	6931	Forderungsverluste 7% USt
2431	6281	Forderungsverluste 7% USt (unübl. hoch)
2409	6939	Forderungsverluste EU-Lieferung 15% USt
2404	6934	Forderungsverluste EU-Lieferung 16% USt
2408	6938	Forderungsverluste EU-Lieferung 19% USt
2403	6933	Forderungsverluste EU-Lieferungen 7%
4945	6821	Fortbildungskosten
4140	6130	Freiwillige soziale Aufwendung. LSt-frei
4145	6060	Freiwillige soziale Aufwendung. LSt-pfl.
4946	6822	Freiwillige Sozialleistungen
4148	6068	Freiwillige Zuwend. Mituntern. § 15 EStG
4147	6067	Freiwillige Zuwendungen an Ges.er-GF
4146	6066	Freiwillige Zuwendungen an Minijobber
4780	6780	Fremdarbeiten (Vertrieb)
4595	6595	Fremdfahrzeugkosten
1592	1374	Fremdgeld
3100	5900	Fremdleistungen
3106	5906	Fremdleistungen 19% Vorsteuer
3108	5908	Fremdleistungen 7% Vorsteuer
3109	5909	Fremdleistungen ohne Vorsteuer
4909	6303	Fremdleistungen und Fremdarbeiten
110	270	Garagen
145	305	Garagen
175	380	Garagen
4550	6550	Garagenmieten
4240	6325	Gas, Strom, Wasser
149	329	Gebäudeteil häusliches Arbeitszimmer
699	3599	Gegenkonto Aufteilung der Darlehen
1499	1259	Gegenkonto bei Aufteilung Debitoren

SKR03	SKR04	Kontenbeschriftung
1659	3349	Gegenkonto bei Aufteilung Kreditoren
1498	1258	Gegenkonto sonst.VG bei Buchung Debitor
1580	1480	Gegenkonto Vorsteuer § 4/3 EStG
1449	1219	Gegenkto Aufteilung der Forderungen L+L
8589	4589	Gegenkto Aufteilung Erlöse Steuersatz
1609	3309	Gegenkto Aufteilung Verbindlichk. L+L
9913	9913	Gegenkto. Erhöhung Entnahmen §4,4a EStG
9910	9910	Gegenkto. Minderung Entnahmen §4,4a EStG
1583	1483	Gegenkto. Vorsteuer Durchschnittssätze
4120	6020	Gehälter
1360	1460	Geldtransit
1516	1185	Geleistete Anzahlungen 15% Vorsteuer
1517	1184	Geleistete Anzahlungen 16% Vorsteuer
1518	1186	Geleistete Anzahlungen 19% Vorsteuer
1511	1181	Geleistete Anzahlungen 7% Vorsteuer
1510	1180	Geleistete Anzahlungen auf Vorräte
499	700	Geleistete Anzahlungen u.Anlagen im Bau
4984	6854	Genossenschaftliche Rückvergütung Mitgl.
1352	1395	Genossenschaftsanteile z.kfr.Verbleib
570	980	Genossenschaftsanteile z.lfr.Verbleib
1522	1393	Genussrechte
480	670	Geringwertige Wirtschaftsgüter
460	660	Gerüst- und Schalungsmaterial
4137	6118	Ges. soz. Aufwendg. Mituntern. §15 EStG
9802	9802	Gesamth. geb. Rückl.and.Kapitalanpassung
9804	9804	Gesamth. geb. Rücklagen - Umbuchungen
989	2959	Gesamthänderisch geb. Rücklagen (KKE)
35	150	Geschäfts- oder Firmenwert
120	710	Geschäfts-,Fabrik-u.and. Bauten im Bau
180	740	Geschäfts-,Fabrik-u.and. Bauten im Bau

SKR03	SKR04	Kontenbeschriftung
410	635	Geschäftsausstattung
90	240	Geschäftsbauten
165	340	Geschäftsbauten
4127	6027	Geschäftsführergehälter
4124	6024	Geschäftsführergehälter GmbH-Gesells.
811	2902	Geschäftsguthaben ausscheid.Mitglieder
812	2903	Geschäftsguthaben gekünd. Geschäftsant
810	2901	Geschäftsguthaben verbleib. Mitglieder
9106	9106	Geschäftsraum qm
4631	6611	Geschenke abzugsfähig mit § 37b EStG
4630	6610	Geschenke abzugsfähig ohne § 37b EStG
4638	6625	Geschenke ausschl.betrieblich genutzt
4636	6621	Geschenke n. abzugsfähig mit § 37b EStG
4635	6620	Geschenke n. abzugsfähig ohne §37b EStG
890	2020	Gesellschafter-Darlehen (FK)
920	2070	Gesellschafter-Darlehen (FK)
846	2930	Gesetzliche Rücklage
4130	6110	Gesetzliche Sozialaufwendungen
8738	4738	Gew. Skonti Leistungen § 13b/2 Nr. 10
8769	4769	Gewährte Boni
8760	4760	Gewährte Boni 19% USt
8750	4750	Gewährte Boni 7% USt
8770	4770	Gewährte Rabatte
8790	4790	Gewährte Rabatte 19% USt
8780	4780	Gewährte Rabatte 7% USt
8730	4730	Gewährte Skonti
8736	4736	Gewährte Skonti 19% USt
8731	4731	Gewährte Skonti 7% USt
8748	4748	Gewährte Skonti EU-Lieferung 19% USt
8746	4746	Gewährte Skonti EU-Lieferung 7% USt

SKR03	SKR04	Kontenbeschriftung
8741	4741	Gewährte Skonti Leistungen §13b UStG
8742	4742	Gewährte Skonti s. Leistung § 18b UStG
8743	4743	Gewährte Skonti stfr. EU-Lieferung
8745	4745	Gewährte Skonti stpfl. EU-Lieferung
4320	7610	Gewerbesteuer
957	3030	Gewerbesteuerrückstellung
956	3035	Gewerbesteuerrückstellung § 4 Abs. 5b
20	120	Gewerbliche Schutzrechte
2508	7454	Gewinn Veräuß/Aufg. Geschäftsaktivität
9805	9805	Gewinn-/Verlustvortrag - Umbuchungen
9803	9803	Gewinn-/Verlustvortrag -and.Kap.anpass
2618	7008	Gewinnanteile Mitunternehmerschaften
2794	7194	Gewinne auf Grund Gewinn/Teilgewinnabf
2792	7192	Gewinne auf Grund Gewinngemeinschaft
1370	1485	Gewinnermittlung §4/3 ergebniswirksam
1371	1486	Gewinnermittlung §4/3 nicht ergebnisw
9984	9984	Gewinnkorrektur § 60 Abs. 2 EStDV
858	2966	Gewinnrücklage Auflösung SoPo
848	2961	Gewinnrücklage Erwerb eigener Anteile
853	2963	Gewinnrücklage Übergangsvorschr. BilMoG
857	2965	Gewinnrücklage Zuschreibg. Finanzanl.
854	2964	Gewinnrücklage Zuschreibg. Sachanlage
1709	3620	Gewinnverfügung stille Gesellschaft.
2860	7700	Gewinnvortrag nach Verwendung
2865	7705	Gewinnvortrag nach Verwendung (KKE)
860	2970	Gewinnvortrag vor Verwendung
865	2975	Gewinnvortrag vor Verwendung (KKE)
9890	9890	Gewinnzuschlag §§ 6b, 6c, 7g a.F. (H)
9891	9891	Gewinnzuschlag §§ 6b, 6c, 7g a.F. (S)
2282	7642	GewSt-Erstattung Vorjahre

SKR03	SKR04	Kontenbeschriftung
2280	7640	GewSt-Nachzahlung Vorjahre
2281	7641	GewSt-Nachzahlung/-Erstattung VJ §4/5b
9221	9221	Gez. Kapital Euro (Art. 42/3/2 EGHGB)
9220	9220	Gez. Kapital in DM (Art. 42/3/1 EGHGB)
800	2900	Gezeichnetes Kapital
9809	9809	Gg.Kto Verteilung Bilanzgew./-verlust
9808	9808	Gg.Kto Verteilung Jahresübersch/-fehlb
9975	9975	Gkto. Rückgängigmachung IAB § 7g/3, 4
815	2907	Gkto.fällige Einzah.Geschäftsant. verm.
1350	1390	GmbH-Anteile z.kurzfristigen Verbleib
2375	7680	Grundsteuer
75	225	Grundstücke mit Substanzverzehr
50	200	Grundstücke,grndst.Rechte und Bauten
59	229	Grundstücksanteil häusl. Arbeitszimmer
1860	2300	Grundstücksaufwand
1960	2700	Grundstücksaufwand TH
4290	6350	Grundstücksaufwendungen, betrieblich
1870	2350	Grundstücksertrag
1970	2750	Grundstücksertrag TH
2750	4860	Grundstückserträge
70	220	Grundstücksgleiche Rechte
60	210	Grundstücksgleiche Rechte ohne Bauten
85	235	Grundstückswert bebauter Grundstücke
9278	9278	Haftung fremde Verbindlichk.gg.verb.UN
9277	9277	Haftung fremde Verbindlichkeiten
4949	6824	Haftungsvergütung an Mitunternehmer
4230	6320	Heizung
4996	6990	Herstellungskosten
9972	9972	Hinzurechnung IAB § 7g Abs. 2 (H)
9973	9973	Hinzurechnung IAB § 7g Abs. 2 (S)

SKR03	SKR04	Kontenbeschriftung
112	285	Hof- und Wegebefestigungen
147	315	Hof- und Wegebefestigungen
177	395	Hof- und Wegebefestigungen
8320	4320	Im anderen EU-Land stpfl. Lieferungen
48	148	Immaterielle VermG in Entwicklung
7095	1095	In Arbeit befindliche Aufträge
7090	1090	In Ausführung befindl. Bauaufträge
1	95	Ingangsetzungs- und Erweiterungsaufwand
8130	4130	Innergemeinschaftl. Dreiecksgeschäft
4260	6335	Instandhaltung betrieblicher Räume
4902	6302	Interimskonto Vorsteuervergütung
9971	9971	Investitionsabzugsbetrag § 7g /1, (H)
9970	9970	Investitionsabzugsbetrag § 7g /1, (S)
9243	9243	Investitionsverbindlichk. Finanzanlagen
9242	9242	Investitionsverbindlichk. immat. VG
9241	9241	Investitionsverbindlichk. Sachanlagen
9240	9240	Investitionsverbindlichk.b.Leistg.Verb.
2744	4980	Investitionszulage
2743	4975	Investitionszuschüsse
4993	6976	Kalkulatorische Abschreibungen
4991	6972	Kalkulatorische Miete und Pacht
4994	6978	Kalkulatorische Wagnisse
4992	6974	Kalkulatorische Zinsen
4995	6979	Kalkulatorischer Lohn, unentgeltl. AN
4990	6970	Kalkulatorischer Unternehmerlohn
809	2908	Kapitalerhöhung aus Gesellschaftsmitteln
2213	7630	Kapitalertragsteuer 25%
844	2928	Kapitalrückl. durch Zuzahlungen in EK
842	2926	Kapitalrückl./Ausgabe Schuldverschr.
840	2920	Kapitalrücklage

SKR03	SKR04	Kontenbeschriftung
843	2927	Kapitalrücklage gg.Vorzugsgewährung
841	2925	Kapitalrücklage/Anteile ü. Nennbetrag
1000	1600	Kasse
4815	6250	Kaufleasing
1525	1350	Kautionen
1526	1351	Kautionen (bis 1 J)
1527	1355	Kautionen (g. 1 J)
4590	6590	Kfz-Kosten betriebl.Nutzung Kfz im PV
4540	6540	Kfz-Reparaturen
4510	7685	Kfz-Steuern
4520	6520	Kfz-Versicherungen
4668	6668	Kilometergelderstattung Arbeitnehmer
9160	9160	Kommandit-Kapital - Kapitalanpassung TH
9180	9180	Kommandit-Kapital - Umbuchungen TH
900	2050	Kommandit-Kapital (EK)
15	110	Konzessionen
46	146	Konzessionen, gewerbl. Schutzrechte
2200	7600	Körperschaftsteuer
2203	7603	Körperschaftsteuer für Vorjahre
2204	7604	Körperschaftsteuererstattung Vorjahre
1538	1452	Körperschaftsteuerguthaben §37 (b.1 J)
1539	1453	Körperschaftsteuerguthaben §37 (g.1 J)
1549	1450	Körperschaftsteuerrückforderung
963	3040	Körperschaftsteuerrückstellung
4700	6700	Kosten Warenabgabe
2762	4989	Kostenerstatt.,Rückvergütg. früh. Jahre
4150	6070	Krankengeldzuschüsse
1730	3610	Kreditkartenabrechnung
2141	7355	Kreditprovision,Verwaltungskostenbeitr.
9260	9260	Kurzfristige Rückstellungen

SKR03	SKR04	Kontenbeschriftung
4853	6243	Kürzung AHK § 7g Abs. 2 EStG n.F.
4854	6244	Kürzung AHK für Kfz § 7g Abs. 2 n.F.
430	640	Ladeneinrichtung
9264	9264	Langfristige Rückstellung o.Pensionen
859	2967	Latente Steuern (H) neutrale Verrechnung
988	2968	Latente Steuern (S) neutrale Verrechnung
4530	6530	Laufende Kfz-Betriebskosten
4215	6316	Leasing, unbewegliche Wirtschaftsgüter
3830	5820	Leergut
3160	5960	Leistungen § 13b mit Vorsteuerabzug
3165	5965	Leistungen § 13b ohne Vorsteuerabzug
3125	5925	Leistungen ausl. UN 19% Vorst., 19% USt
3115	5915	Leistungen ausl. UN 7% Vorsteuer, 7% USt
3145	5945	Leistungen ausl. UN ohne Vorst., 19% USt
3135	5935	Leistungen ausl. UN ohne Vorst., 7% USt
30	140	Lizenzen an gewerblichen Schutzrechten
45	145	Lizenzen und Franchiseverträge
350	540	LKW
1755	3790	Lohn- und Gehaltsverrechnungen
1756	3791	Lohn/Gehaltsverrechnung §11 f. 4/3 EStG
4110	6010	Löhne
4195	6035	Löhne für Minijobs
4100	6000	Löhne und Gehälter
595	990	LV-Rückdeckungsansprüche z.lfr.Verbl.
1190	1780	LZB-Guthaben
9288	9288	Mahngebühr bei Deb. Buchung § 4/3 EStG
210	440	Maschinen
220	460	Maschinengebundene Werkzeuge
4560	6580	Mautgebühren
4228	6318	Miet- und Pachtnebenkosten

SKR03	SKR04	Kontenbeschriftung
4210	6310	Miete, unbewegliche Wirtschaftsgüter
4212	6312	Miete/Aufw. doppelte Haushaltsführung
4960	6835	Mieten für Einrichtungen bewegliche WG
4810	6498	Mietleasing bewegliche Wirtschaftsgüter
4965	6840	Mietleasing bewegliche Wirtschaftsgüter
4570	6560	Mietleasing Kfz
9911	9911	Minderung der Entnahmen § 4, 4a EStG
9262	9262	Mittelfristige Rückstellungen
3700	5700	Nachlässe
3723	5723	Nachlässe 15% Vorsteuer
3722	5722	Nachlässe 16% Vorsteuer
3720	5720	Nachlässe 19% Vorsteuer
3710	5710	Nachlässe 7% Vorsteuer
3701	5701	Nachlässe aus Einkauf RHB
3715	5715	Nachlässe aus Einkauf RHB 19% Vorst.
3714	5714	Nachlässe aus Einkauf RHB 7% Vorst.
3727	5727	Nachlässe EU-Erwerb 15% Vorsteuer/USt
3726	5726	Nachlässe EU-Erwerb 16% Vorsteuer/USt
3725	5725	Nachlässe EU-Erwerb 19% Vorsteuer/USt
3724	5724	Nachlässe EU-Erwerb 7% Vorsteuer/USt
3718	5718	Nachlässe RHB, EU-Erwerb 19% Vorst/USt
3717	5717	Nachlässe RHB, EU-Erwerb 7% Vorst./USt
839	1299	Nachschüsse
845	2929	Nachschusskapital
1782	3832	Nachsteuer
1528	1376	Nachträgl. abz. Vorsteuer § 15a Abs. 2
1556	1396	Nachträgl. abz. Vorsteuer, bewegl. WG
1558	1398	Nachträgl. abz. Vorsteuer, unbewegl. WG
1010	1610	Nebenkasse 1
1020	1620	Nebenkasse 2

SKR03	SKR04	Kontenbeschriftung
4970	6855	Nebenkosten des Geldverkehrs
4397	6437	Nicht abzf.Verspät.zuschlag/Zwangsgeld
2385	6875	Nicht abziehbare AR-Vergütungen
3600	5600	Nicht abziehbare Vorsteuer
4300	6860	Nicht abziehbare Vorsteuer
3660	5660	Nicht abziehbare Vorsteuer 19%
4306	6871	Nicht abziehbare Vorsteuer 19%
3610	5610	Nicht abziehbare Vorsteuer 7%
4301	6865	Nicht abziehbare Vorsteuer 7%
2102	7302	Nicht abzugsf. andere Nebenleist. §4/5b
2113	7313	Nicht abzugsf. Schuldzinsen § 4/4a
2104	7304	Nicht abzugsfäh.and.Nebenleist.z.Steuern
4655	6645	Nicht abzugsfähige Betriebsausgaben
4654	6644	Nicht abzugsfähige Bewirtungskosten
9976	9976	Nicht abzugsfähige Zinsaufw. § 4h, (H)
9977	9977	Nicht abzugsfähige Zinsaufw. § 4h, (S)
8336	4336	Nicht steuerbare s. Leistung § 18b UStG
8950	4690	Nicht steuerbare Umsätze
8338	4338	Nicht steuerbare Umsätze Drittland
8339	4339	Nicht steuerbare Umsätze EU-Land
9060	9060	Offene Posten 1990
9091	9091	Offene Posten 1991
9092	9092	Offene Posten 1992
9093	9093	Offene Posten 1993
9094	9094	Offene Posten 1994
9095	9095	Offene Posten 1995
9096	9096	Offene Posten 1996
9097	9097	Offene Posten 1997
9098	9098	Offene Posten 1998
9069	9069	Offene Posten 1999

SKR03	SKR04	Kontenbeschriftung
9070	9070	Offene Posten 2000
9071	9071	Offene Posten 2001
9072	9072	Offene Posten 2002
9073	9073	Offene Posten 2003
9074	9074	Offene Posten 2004
9075	9075	Offene Posten 2005
9076	9076	Offene Posten 2006
9077	9077	Offene Posten 2007
9078	9078	Offene Posten 2008
9079	9079	Offene Posten 2009
9080	9080	Offene Posten 2010
9081	9081	Offene Posten 2011
9082	9082	Offene Posten 2012
9083	9083	Offene Posten 2013
9084	9084	Offene Posten 2014
9085	9085	Offene Posten 2015
4355	7678	Ökosteuer
4961	6836	Pacht (bewegliche Wirtschaftsgüter)
4220	6315	Pacht, unbewegliche Wirtschaftsgüter
780	3540	Partiarische Darlehen
784	3544	Partiarische Darlehen(1-5 Jahre)
781	3541	Partiarische Darlehen(bis 1 Jahr)
787	3547	Partiarische Darlehen(g. 5 Jahre)
968	3065	Passive latente Steuern
9230	9230	Passive RAP Baukostenzuschüsse
9232	9232	Passive RAP Investitionszulagen
9234	9234	Passive RAP Investitionszuschüsse
990	3900	Passive Rechnungsabgrenzung
4637	6622	Pausch. Steuern für Zuwendungen n.abz.
4632	6612	Pausch. Steuern Geschenke/Zugaben abz.

SKR03	SKR04	Kontenbeschriftung
4149	6069	Pauschale Steuer auf sonstige Bezüge
4199	6040	Pauschale Steuer für Aushilfen
4167	6147	Pauschale Steuer für Versicherungen
4198	6039	Pauschale Steuern Arbeitnehmer
4196	6037	Pauschale Steuern Gesellschafter-GF
4194	6036	Pauschale Steuern Minijobber
4197	6038	Pauschale Steuern Mituntern. § 15 EStG
996	1248	Pauschalwertberichtigung Forderg./b.1J
997	1249	Pauschalwertberichtigung Forderg./g.1J
950	3015	Pensionsähnliche Rückstellungen
952	3005	Pensionsrückstellungen ggb. Ges.ern
950	3000	Pensions-und ähnliche Rückstellungen
2020	6960	Periodenfremde Aufwendungen
2520	4960	Periodenfremde Erträge
320	520	PKW
4910	6800	Porto
4370	6410	Prämie Rückdeckung f. Versorgungsleistg
1890	2180	Privateinlagen
1990	2580	Privateinlagen TH
1800	2100	Privatentnahmen allgemein
1900	2500	Privatentnahmen allgemein TH
1810	2150	Privatsteuern
1910	2550	Privatsteuern TH
9210	9210	Produktive Löhne
8575	4575	Provision, sonst.Erträge stfrei §4 Nr.5
8574	4574	Provision, sonst.Erträge stfrei §4Nr8ff
8570	4570	Provision, sonstige Erträge
8579	4579	Provision, sonstige Erträge 19% USt
8576	4576	Provision, sonstige Erträge 7% USt
8510	4560	Provisionsumsätze

SKR03	SKR04	Kontenbeschriftung
8519	4569	Provisionsumsätze 19% USt
8516	4566	Provisionsumsätze 7% USt
8515	4565	Provisionsumsätze, steuerfrei § 4 Nr.5
8514	4564	Provisionsumsätze, steuerfrei §4 Nr.8ff
4200	6305	Raumkosten
987	2969	Rechnungsabgrenzung neutrale Verrechnung
4950	6825	Rechts- und Beratungskosten
4250	6330	Reinigung
4666	6660	Reisekosten AN Übernachtungsaufwand
4664	6664	Reisekosten AN Verpfleg.mehraufwand
4660	6650	Reisekosten Arbeitnehmer
4663	6663	Reisekosten Arbeitnehmer, Fahrtkosten
4676	6680	Reisekosten UN Übernacht./Nebenkost
4674	6674	Reisekosten UN Verpfleg.mehraufwand
4670	6670	Reisekosten Unternehmer
4673	6673	Reisekosten Unternehmer, Fahrtkosten
4672	6672	Reisekosten Unternehmer, n.abz.Anteil
2127	7327	Renten und dauernde Lasten
4801	6450	Reparatur u.Instandhaltung von Bauten
4805	6485	Reparatur/Instandh. andere Anlagen
4800	6460	Reparatur/Instandh. Anlagen u. Maschinen
4805	6470	Reparatur/Instandh. Betriebs- u. Gesch.
4640	6630	Repräsentationskosten
47	147	Rezepte, Verfahren, Prototypen
3000	1000	Roh-, Hilfs- und Betriebsstoffe
9974	9974	Rückgängigmachung IAB § 7g/3, 4
849	2935	Rücklage Anteile an herrsch. Unternehmen
946	2988	Rücklage für Zuschüsse
967	3077	Rückst. langfr. Verpflicht., Saldierung
954	3011	Rückst. Zuschussverpfl. Pens.kasse, LV

SKR03	SKR04	Kontenbeschriftung
964	3076	Rückstell. langfristige Verpflichtung
951	3009	Rückstellung Pensionen zur Saldierung
973	3085	Rückstellungen Abraum-/Abfallbeseitigung
976	3092	Rückstellungen f. drohende Verluste
974	3090	Rückstellungen f. Gewährleistungen
977	3095	Rückstellungen für Abschluss u. Prüfung
966	3096	Rückstellungen für Aufbewahrungspflicht
953	3010	Rückstellungen für Direktzusagen
969	3060	Rückstellungen für latente Steuern
965	3074	Rückstellungen für Personalkosten
979	3099	Rückstellungen für Umweltschutz
971	3075	Rückstellungen Instandhaltung bis 3 M
8595	4945	Sachbezüge 19% USt
8591	4941	Sachbezüge 7% USt
4154	6074	Sachzuwend., Dienstleist. Mituntern.§15
4153	6073	Sachzuwend., Dienstleistungen Ges.er-GF
4151	6071	Sachzuwend., Dienstleistungen Minijob
4152	6072	Sachzuwendungen und Dienstleistg. an AN
9008	9008	Saldenvorträge Debitoren
9009	9009	Saldenvorträge Kreditoren
9000	9000	Saldenvorträge Sachkonten
851	2950	Satzungsmäßige Rücklagen
1330	1550	Schecks
43	143	Selbst geschaffene immaterielle VermG.
1758	3635	So. Verbindl. genossensch.Rückvergütung
4855	6260	Sofortabschreibung GWG
2210	7607	Solidaritätszuschl.-Erstattung Vorjahre
2208	7608	Solidaritätszuschlag
2209	7609	Solidaritätszuschlag für Vorjahre
2216	7633	SolZ auf Kapitalertragsteuer 25%

SKR03	SKR04	Kontenbeschriftung
4851	6241	Sonderabschreibung § 7g Abs. 5 EStG
4852	6242	Sonderabschreibung Kfz § 7g Abs. 5 EStG
1920	2600	Sonderausgaben beschränkt abzugsf. TH
1820	2200	Sonderausgaben beschränkt abzugsfähig
1930	2630	Sonderausgaben unbeschränkt abzugsf. TH
1830	2230	Sonderausgaben unbeschränkt abzugsfähig
949	2999	Sonderposten für Zuschüsse u. Zulagen
8625	4842	Sonst. Erträge betr.u. regelmäßig stfrei, § 4 Nr. 2-7 UStG
8609	4841	"Sonst. Erträge betr.u. regelmäßig stfrei, § 4 Nr. 8 ff. UStG"
2350	6352	Sonst. Grundstücksaufwendungen neutral
3123	5923	Sonst. Leistung EU 19% Vorst., 19% USt
3113	5913	Sonst. Leistung EU 7% Vorsteuer, 7% USt
3143	5943	Sonst. Leistung EU ohne Vorst., 19% USt
3133	5933	Sonst. Leistung EU ohne Vorst., 7% USt
2308	6968	Sonst. nicht abziehbare Aufwendungen
4809	6490	Sonst. Reparaturen und Instandhaltungen
1704	3509	Sonst. Verbindlichkeiten nach §11 EStG
2659	7109	Sonst. Zinsen u.ä. Erträge aus verb.UN
2307	6967	Sonst.Aufwendungen, betriebsfr.u.regelm.
4390	6430	Sonstige Abgaben
2309	6969	Sonstige Aufwendungen unregelmäßig
540	930	Sonstige Ausleihungen
2705	4835	Sonstige betriebl. regelm. Erträge
4905	6304	Sonstige betriebl.u.regelm.Aufwendungen
4900	6300	Sonstige betriebliche Aufwendungen
2705	4830	Sonstige betriebliche Erträge
8606	4832	Sonstige betriebliche Erträge verbUN
2707	4837	Sonstige betriebsfr.regelm. Erträge
4340	7650	Sonstige Betriebssteuern
490	690	Sonstige Betriebs-u.Gesch.ausstattung

SKR03	SKR04	Kontenbeschriftung
8649	4834	Sonstige Erträge betriebl., regelm. 16%
8640	4836	Sonstige Erträge betriebl., regelm. 19%
2709	4839	Sonstige Erträge unregelmäßig
4580	6570	Sonstige Kfz-Kosten
4280	6345	Sonstige Raumkosten
970	3070	Sonstige Rückstellungen
4141	6170	Sonstige soziale Abgaben
2747	4982	Sonstige steuerfr. Betriebseinnahmen
8110	4110	Sonstige steuerfr. Umsätze Inland
380	560	Sonstige Transportmittel
1700	3500	Sonstige Verbindlichkeiten
1702	3504	Sonstige Verbindlichkeiten (1-5 J)
1701	3501	Sonstige Verbindlichkeiten (bis 1 J)
1703	3507	Sonstige Verbindlichkeiten (g. 5 J)
1500	1300	Sonstige Vermögensgegenstände
1501	1301	Sonstige Vermögensgegenstände (b.1 J)
1502	1305	Sonstige Vermögensgegenstände (g.1 J)
1792	3630	Sonstige Verrechnung
1348	1510	Sonstige Wertpapiere
2650	7100	Sonstige Zinsen und ähnliche Erträge
2689	7119	Sonstige Zinserträge aus verb.Untern.
4980	6850	Sonstiger Betriebsbedarf
2680	7110	Sonstiger Zinsertrag
939	2989	SoPo m. Rücklageanteil §52 Abs.16 EStG
931	2981	SoPo mit Rücklageanteil § 6b EStG
943	2993	SoPo mit Rücklageanteil § 7g Abs.2 n.F.
932	2982	SoPo mit Rücklageanteil EStR R 6.6
947	2997	SoPo mit Rücklageanteil Sonder-AfA § 7g
940	2990	SoPo mit Rücklageanteil, Sonder-AfA
930	2980	SoPo mit Rücklageanteil, stfr. Rücklage

SKR03	SKR04	Kontenbeschriftung
4144	6171	Soziale Abgaben für Minijobber
4141	6100	Soziale Abgaben, Altersversorgung
8580	4580	Stat. Konto Erlöse allgemeiner USt-Satz
8581	4581	Stat. Konto Erlöse ermäßigter USt-Satz
8582	4582	Stat. Konto Erlöse steuerfr./n. stbar
9292	9292	Statistisches Konto Fremdgeld
9290	9290	Statistisches Konto steuerfreie Auslagen
9887	9887	Steueraufwand der Gesellschafter
1542	1440	Steuererst.anspruch gegen andere Länder
8135	4135	Steuerfr. EU-Lief.v.Neufahrzg.ohne UStID
3559	5559	Steuerfreie Einfuhren
8125	4125	Steuerfreie EU-Lieferungen, §4,1b UStG
8120	4120	Steuerfreie Umsätze § 4 Nr. 1a UStG
8150	4150	Steuerfreie Umsätze § 4 Nr. 2-7 UStG
8100	4100	Steuerfreie Umsätze §4 Nr. 8 ff UStG
8140	4140	Steuerfreie Umsätze Offshore usw.
8160	4160	Steuerfreie Umsätze ohne Vorst.abzug § 4
8165	4165	Steuerfreie Umsätze ohne Vorsteuerabzug
3550	5550	Steuerfreier EU-Erwerb
2285	7690	Steuernachzahlg. VJ sonstige Steuern
9297	9297	Steuerrechtlicher Ausgleichsposten
962	3050	Steuerrückstellung Steuerstundung BStBK
955	3020	Steuerrückstellungen
1754	3854	Steuerzahlungen an andere Länder
1729	3799	Steuerzahlungen an KEA/MOSS
2652	7102	stfr Aufzinsung Körperschaftsteuerguth.
8105	4105	Stfr. Umsätze aus V&V § 4 Nr. 12 UStG
2746	4981	Stfreie Erträge Auflösung stl. Rücklage
4605	6605	Streuartikel
9090	9090	Summenvortrag

SKR03	SKR04	Kontenbeschriftung
4129	6029	Tantiemen Arbeitnehmer
4126	6026	Tantiemen Gesellschafter-Geschäftsf.
240	420	Technische Anlagen
200	400	Technische Anlagen und Maschinen
290	770	Technische Anlagen und Maschinen im Bau
4925	6810	Telefax und Internetkosten
4920	6805	Telefon
260	450	Transportanlagen und Ähnliches
4750	6760	Transportversicherungen
513	830	Typisch stille Beteiligungen
660	3180	TZ-Verbindlichkeit. gg. Kreditinstituten
670	3190	TZ-Verbindlichkeit. Kreditinstitut,1-5 J
661	3181	TZ-Verbindlichkeit. Kreditinstitut,b.1 J
680	3200	TZ-Verbindlichkeit. Kreditinstitut,g.5 J
1380	1498	Überleitung Kostenstellen
8200	4000	Umsatzerlöse
8193	4138	Umsatzerlöse §§ 25 u. 25a UStG ohne USt
8191	4136	Umsatzerlöse §§ 25 und 25a UStG 19% USt
8194	4139	Umsatzerlöse Reiseleist. §25/2 ustfrei
1770	3800	Umsatzsteuer
1776	3806	Umsatzsteuer 19%
1771	3801	Umsatzsteuer 7%
1772	3802	Umsatzsteuer aus EU-Erwerb
1774	3804	Umsatzsteuer aus EU-Erwerb 19%
1777	3807	Umsatzsteuer EU-Lieferungen
1778	3808	Umsatzsteuer EU-Lieferungen 19%
1791	3845	Umsatzsteuer frühere Jahre
9893	9893	Umsatzsteuer in Forderungen allg. Satz
9894	9894	Umsatzsteuer in Forderungen ermäß. Satz
1789	3840	Umsatzsteuer laufendes Jahr

SKR03	SKR04	Kontenbeschriftung
1769	3839	Umsatzsteuer nach § 13a UStG
1785	3835	Umsatzsteuer nach § 13b UStG
1787	3837	Umsatzsteuer nach § 13b UStG 19%
1760	3810	Umsatzsteuer nicht fällig
1766	3816	Umsatzsteuer nicht fällig 19%
1761	3811	Umsatzsteuer nicht fällig 7%
1790	3841	Umsatzsteuer Vorjahr
1780	3820	Umsatzsteuervorauszahlungen
1781	3830	Umsatzsteuervorauszahlungen 1/11
65	215	Unbebaute Grundstücke
9104	9104	Unbezahlte Personen
8925	4660	Unentgeltl. Erbringung Leist. 19% USt
8932	4650	Unentgeltl. Erbringung Leist. 7% USt
8933	4656	Unentgeltl. Erbringung Leist. 7% USt
8929	4659	Unentgeltl. Erbringung Leist. ohne USt
8935	4686	Unentgeltl. Zuwend. Gegenstände 19% USt
8939	4689	Unentgeltl. Zuwend. Gegenstände ohne USt
8940	4680	Unentgeltl. Zuwend. von Waren 19% USt
8945	4670	Unentgeltl. Zuwend. von Waren 7% USt
8947	4676	Unentgeltl. Zuwend. von Waren 7% USt
8949	4679	Unentgeltl. Zuwend. von Waren ohne USt
1880	2130	Unentgeltliche Wertabgaben
8900	4600	Unentgeltliche Wertabgaben
1980	2530	Unentgeltliche Wertabgaben TH
7050	1050	Unfertige Erzeugnisse
7000	1040	Unfertige Erzeugnisse und Leistungen
7080	1080	Unfertige Leistungen
9884	9884	Ungedeckte Entnahme Kommanditisten
9883	9883	Ungedeckte Entnahme p. haft. Gesellsch.
1783	3851	Unrichtig oder unberechtigt ausgew. USt

SKR03	SKR04	Kontenbeschriftung
961	3079	Urlaubsrückstellungen
1779	3809	USt aus EU-Erwerb ohne Vorsteuerabzug
1784	3834	USt EU-Erwerb Neufahrzeuge ohne UStID
1728	3798	USt im and. EU-Land stpfl.elektr. Leistg
1768	3818	USt im anderen EU-Land s.Leist./Werkl.
1767	3817	USt im anderen EU-Land stpfl.Lieferung
1794	3819	USt letzter Abnehmer Dreiecksgeschäft
1762	3812	USt nicht fällig, EU-Lieferungen
1764	3814	USt nicht fällig, EU-Lieferungen 19%
1545	1420	USt-Forderungen
1545	1425	USt-Forderungen frühere Jahre
1546	1421	USt-Forderungen laufendes Jahr
1547	1422	USt-Forderungen Vorjahr
8955	4695	USt-Vergütungen, z.B. § 24 UStG
9142	9142	Variables Kapital - Anteil Teilhafter
9161	9161	Variables Kapital - Kapitalanpassung TH
9151	9151	Variables Kapital - Kapitalanpassung VH
9147	9147	Variables Kapital - TH Übertrag §6b EStG
9181	9181	Variables Kapital - Umbuchungen TH
9171	9171	Variables Kapital - Umbuchungen VH
9146	9146	Variables Kapital - VH Übertrag §6b EStG
880	2010	Variables Kapital (EK)
4976	6857	Veräußerungskosten z.T. nicht abziehbar
755	3519	Verb.gg.Gesellschaftern off.Ausschüttg.
1749	3726	Verbindl. an FA abzuführender Bauabzug
1605	3305	Verbindl. aus L+L allgem. Steuersatz
1606	3306	Verbindl. aus L+L ermäßigt. Steuersatz
1655	3345	Verbindl. aus L+L gg. Gesellsch. 1-5 J
1651	3341	Verbindl. aus L+L gg. Gesellsch. b. 1J
1658	3348	Verbindl. aus L+L gg. Gesellsch. g. 5J

SKR03	SKR04	Kontenbeschriftung
1650	3340	Verbindl. aus L+L gg. Gesellschaftern
1630	3420	Verbindl. aus L+L gg. verbundenen UN
1607	3307	Verbindl. aus L+L ohne Vorsteuerabzug
1600	3300	Verbindl. aus Lieferungen u. Leistungen
1601	3301	Verbindl. aus Lieferungen u. Leistungen
1610	3310	Verbindl. aus Lieferungen u. Leistungen
9274	9274	Verbindl. Bürgsch.,Wechsel-/Scheckb.vUN
9273	9273	Verbindl. Bürgsch.,Wechsel-/Scheckbürg.
9276	9276	Verbindl. Gewährleist.-vertrag v.UN
720	3455	Verbindl. gg.UN mit Beteiligg.verh. 1-5J
716	3451	Verbindl. gg.UN mit Beteiligg.verh. b.1J
725	3460	Verbindl. gg.UN mit Beteiligg.verh. g.5J
715	3450	Verbindl. gg.UN mit Beteiligungsverh.
1672	3647	Verbindl. ggb. pers.haft. Ges.ern, 1-5J
1671	3646	Verbindl. ggb. pers.haft. Ges.ern, b1J
1673	3648	Verbindl. ggb. pers.haft. Ges.ern, g5J
1670	3645	Verbindl. ggb. pers.haftenden Ges.ern
1697	3657	Verbindl. ggb. stillen Ges.ern, 1-5J
1696	3656	Verbindl. ggb. stillen Ges.ern, b1J
1698	3658	Verbindl. ggb. stillen Ges.ern, g5J
1695	3655	Verbindl. ggb. stillen Gesellschaftern
1795	3796	Verbindl. soziale Sicherheit §4/3 EStG
1736	3700	Verbindl. Steuern und Abgaben
1738	3710	Verbindl. Steuern und Abgaben (1-5 J)
1737	3701	Verbindl. Steuern und Abgaben (b. 1 J)
1739	3715	Verbindl. Steuern und Abgaben (g. 5 J)
9272	9272	Verbindl. Wechselbegebung/-übertr.v.UN
9271	9271	Verbindl. Wechselbegebung/-übertragung
9275	9275	Verbindl.a. Gewährleistungsverträgen
1626	3337	Verbindl.a.Lieferungen/Leistungen 1-5 J

SKR03	SKR04	Kontenbeschriftung
1625	3335	Verbindl.a.Lieferungen/Leistungen b.1 J
1628	3338	Verbindl.a.Lieferungen/Leistungen g.5 J
1645	3475	Verbindl.aus L+L gg.UN m. Bet.verh. 1-5J
1641	3471	Verbindl.aus L+L gg.UN m. Bet.verh. b.1J
1648	3480	Verbindl.aus L+L gg.UN m. Bet.verh. g.5J
1640	3470	Verbindl.aus L+L gg.UN m.Beteiligg.verh.
1635	3425	Verbindl.aus L+L gg.verbundenen UN 1-5 J
1631	3421	Verbindl.aus L+L gg.verbundenen UN b. 1J
1638	3430	Verbindl.aus L+L gg.verbundenen UN g.5 J
1746	3760	Verbindlichk. a.Einbehaltung (KapESt)
1748	3725	Verbindlichk. Einbehaltung Arbeitnehmer
1691	3611	Verbindlichk. ggb. Arbeitsgemeinschaft
1667	3642	Verbindlichk. ggb. GmbH-Ges.ern, 1-5J
1666	3641	Verbindlichk. ggb. GmbH-Ges.ern, b1J
1668	3643	Verbindlichk. ggb. GmbH-Ges.ern, g5J
1665	3640	Verbindlichk. ggb. GmbH-Gesellschaftern
1677	3652	Verbindlichk. ggb. Kommanditisten, 1-5J
1676	3651	Verbindlichk. ggb. Kommanditisten, b1J
1678	3653	Verbindlichk. ggb. Kommanditisten, g5J
1624	3334	Verbindlichk. Investitionen § 4/3 EStG
1741	3730	Verbindlichk. Lohn- und Kirchensteuer
1744	3750	Verbindlichk. soziale Sicherheit(1-5J)
1743	3741	Verbindlichk. soziale Sicherheit(b.1J)
1745	3755	Verbindlichk. soziale Sicherheit(g.5J)
1752	3780	Verbindlichk. Vermögensbildung(1-5J)
1751	3771	Verbindlichk. Vermögensbildung(b.1J)
1753	3785	Verbindlichk. Vermögensbildung(g.5J)
700	3400	Verbindlichk.gegenüber verbundenen UN
705	3405	Verbindlichkeit. gg.verbundene UN(1-5 J)
701	3401	Verbindlichkeit. gg.verbundene UN(b.1 J)

SKR03	SKR04	Kontenbeschriftung
710	3410	Verbindlichkeit. gg.verbundene UN(g.5 J)
730	3510	Verbindlichkeit.gg. Gesellschaftern
740	3514	Verbindlichkeit.gg. Gesellschaftern 1-5J
731	3511	Verbindlichkeit.gg. Gesellschaftern b.1J
750	3517	Verbindlichkeit.gg. Gesellschaftern g.5J
1750	3770	Verbindlichkeiten a. Vermögensbildung
1740	3720	Verbindlichkeiten aus Lohn und Gehalt
1797	3860	Verbindlichkeiten aus Umsatzsteuer
1747	3761	Verbindlichkeiten für Verbrauchsteuern
630	1895	Verbindlichkeiten gg. Kreditinstituten
1295	3150	Verbindlichkeiten gg. Kreditinstituten
1675	3650	Verbindlichkeiten ggb. Kommanditisten
640	3160	Verbindlichkeiten Kreditinstitut(1-5J)
631	3151	Verbindlichkeiten Kreditinstitut(b.1J)
650	3170	Verbindlichkeiten Kreditinstitut(g.5J)
1742	3740	Verbindlichkeiten soziale Sicherheit
4350	7675	Verbrauchsteuer
4128	6028	Vergütg. angestellte Mituntern. §15 EStG
4958	6833	Vergütung Ges.er Miete, Pacht bew. WG
4222	6313	Vergütung Ges.er Miete,Pacht unbew.WG
4959	6834	Vergütung Mitunter. Miete, Pacht bew. WG
4219	6314	Vergütung Mitunternehm. Miete unbew.WG
4229	6319	Vergütung Mitunternehm. Pacht unbew.WG
4948	6823	Vergütungen an Mitunternehmer §15 EStG
8852	4867	Verkauf WG UV § 4/3 ustfrei, z.T. stfrei
4760	6770	Verkaufsprovisionen
2323	6903	Verlust Veräuß.Ant. KapGes z.T. n. abz.
2008	7554	Verlust Veräuß/Aufg.Geschäftsaktivität
4872	7208	Verlustanteile Mitunternehmerschaften
910	2060	Verlustausgleich (EK)

SKR03	SKR04	Kontenbeschriftung
2326	6906	Verluste aus Abgang UV z.T. n. abziehbar
2325	6905	Verluste aus Abgang von Umlaufvermögen
2320	6900	Verluste aus Anlagenabgang
2006	7552	Verluste d. außergewöhnl.Schadensfälle
2004	7551	Verluste durch Verschmelzg./Umwandlung
2868	7720	Verlustvortrag nach Verwendung
2867	7725	Verlustvortrag nach Verwendung (KKE)
868	2978	Verlustvortrag vor Verwendung
867	2977	Verlustvortrag vor Verwendung (KKE)
1357	1381	VermG Saldierung Pensionsrückstellung
1353	1382	VermG z. Erfüllung langfr.Verpflichtung
1354	1383	VermG z. Saldierung langfr.Verpflichtung
1356	1380	VermG zur Erfüllung Pensionsrückstellung
4170	6080	Vermögenswirksame Leistungen
4710	6710	Verpackungsmaterial
4681	6691	Verpfl.mehraufwand dopp. Haushaltsführ.
8613	4948	Verrechn. sonstige Sachbezüge 19% USt
8611	4947	Verrechn. sonstige Sachbezüge Kfz 19%
8614	4949	Verrechn. sonstige Sachbezüge ohne USt
2893	6986	Verrechnete kalkul. Abschreibungen
2891	6982	Verrechnete kalkul. Miete und Pacht
2894	6988	Verrechnete kalkulatorische Wagnisse
2892	6984	Verrechnete kalkulatorische Zinsen
8590	4940	Verrechnete sonstige Sachbezüge
8610	4946	Verrechnete sonstige Sachbezüge
3990	5860	Verrechnete Stoffkosten
2895	6989	Verrechneter kalk. Lohn, unentgeltl. AN
2890	6980	Verrechneter kalkul.Unternehmerlohn
1593	1495	Verrechnung erhaltene Anzahlungen
1793	3695	Verrechnung geleistete Anzahlungen

SKR03	SKR04	Kontenbeschriftung
1390	1490	Verrechnung Ist-Versteuerung
40	160	Verschmelzungsmehrwert
2742	4970	Versich.entschädigung, Schadenersatz
4366	6405	Versicherung für Gebäude
4360	6400	Versicherungen
4160	6150	Versorgungskassen
4998	6994	Vertriebskosten
4997	6992	Verwaltungskosten
8921	4645	Verwendung von Gegenst. (Kfz) 19% USt
8922	4646	Verwendung von Gegenst. (Tel) 19% USt
8924	4639	Verwendung von Gegenst.(Kfz) ohne USt
8918	4638	Verwendung von Gegenst.(Tel) ohne USt
8920	4640	Verwendung von Gegenständen 19% USt
8930	4630	Verwendung von Gegenständen 7% USt
8931	4636	Verwendung von Gegenständen 7% USt
8906	4637	Verwendung von Gegenständen ohne USt
2870	7790	Vorabausschüttung
1759	3759	Voraus.Beitrag ggb. Sozialversich.träger
1573	1436	Vorst.letzter Abnehmer Dreiecksgeschäft
1587	1484	Vorsteuer allgem. Durchschnittssätze
1582	1482	Vorsteuer aus Investitionen § 4/3 EStG
1584	1432	Vorsteuer EU-Erwerb neue Kfz ohne UStID
1548	1434	Vorsteuer im Folgejahr abziehbar
9896	9896	Vorsteuer in Verbindl. allgem. Satz
9897	9897	Vorsteuer in Verbindl. ermäßig. Satz
869	2979	Vortrag auf neue Rechnung (Bilanz)
2869	7795	Vortrag auf neue Rechnung (GuV)
7140	1140	Waren
3565	5565	Waren aus USt-Lager 19% Vorst., 19% USt
3560	5560	Waren aus USt-Lager 7% Vorsteuer, 7% USt

SKR03	SKR04	Kontenbeschriftung
3200	5200	Wareneingang
3540	5540	Wareneingang 10,7% Vorsteuer
3400	5400	Wareneingang 19% Vorsteuer
3505	5505	Wareneingang 5,5% Vorsteuer
3300	5300	Wareneingang 7% Vorsteuer
3558	5558	Wareneingang, im anderen EU-Land stb.
3551	5551	Wareneingang, im Drittland steuerbar
4806	6495	Wartungskosten für Hard- und Software
1488	1296	WB Forderg.gg.UN m.Beteiligg.verh. b.1J
1489	1297	WB Forderg.gg.UN m.Beteiligg.verh. g.1J
1478	1276	WB Forderungen gg. verbundene UN (b.1J)
1479	1277	WB Forderungen gg. verbundene UN (g.1J)
1301	1231	Wechsel a. Lieferungen/Leistungen b.1 J
1305	1235	Wechsel a. Lieferungen/Leistungen bbf.
1302	1232	Wechsel a. Lieferungen/Leistungen g.1 J
1300	1230	Wechsel aus Lieferung und Leistung
1660	3350	Wechselverbindlichkeiten
1662	3380	Wechselverbindlichkeiten (1-5 Jahre)
1661	3351	Wechselverbindlichkeiten (bis 1 Jahr)
1663	3390	Wechselverbindlichkeiten (g. 5 Jahre)
4600	6600	Werbekosten
440	620	Werkzeuge
4985	6845	Werkzeuge und Kleingeräte
1329	1525	Wertpap. mit geringen Wertschwankungen
1349	1530	Wertpapieranlagen kurzfr. Disposition
525	900	Wertpapiere des Anlagevermögens
530	910	Wertpapiere mit Gewinnbeteil.ansprüch.
485	675	Wirtschaftsgüter Sammelposten
1372	1487	Wirtschaftsgüter Umlaufverm. § 4/3 EStG
140	300	Wohnbauten

SKR03	SKR04	Kontenbeschriftung
190	360	Wohnbauten
150	725	Wohnbauten im Bau eigenen Grundstücken
195	755	Wohnbauten im Bau fremden Grundstücken
4940	6820	Zeitschriften, Bücher
2640	7020	Zins- und Dividendenerträge
2140	7330	Zinsähnliche Aufwendungen
2149	7339	Zinsähnliche Aufwendungen an verb.UN
2680	7120	Zinsähnliche Erträge
2689	7129	Zinsähnliche Erträge verbundene UN
2142	7360	Zinsant. Zuführung Pensionsrückstellung
2107	7305	Zinsaufw. § 233a AO betriebliche Steuern
2105	7308	Zinsaufw. § 233a AO,§ 4 Abs. 5b EStG
2129	7329	Zinsaufw. für lfr. Verbindlichk.verb.UN
2144	7362	Zinsaufwand Abzinsung Rückstellungen
2143	7361	Zinsaufwand Abzinsung Verbindlichkeit
2119	7319	Zinsaufwend. f.kfr. Verb.an verbund. UN
2108	7306	Zinsaufwendungen §§ 233a bis 237 AO
2109	7309	Zinsaufwendungen an verbund. Unternehmen
2110	7310	Zinsaufwendungen f.kfr.Verbindlichkeit.
2120	7320	Zinsaufwendungen f.lfr.Verbindlichkeit.
2117	7317	Zinsen an Ges.er, Beteiligung gr. 25%
2128	7328	Zinsen an Mitunternehmer § 15 EStG
2118	7318	Zinsen auf Kontokorrentkonten
9287	9287	Zinsen bei Deb. Buchung § 4/3 EStG
2125	7325	Zinsen für Gebäude im Betriebsvermögen
2114	7316	Zinsen für Gesellschafterdarlehen
2115	7350	Zinsen und ähnliche Aufw. z.T. nicht abz
2100	7300	Zinsen und ähnliche Aufwendungen
2126	7326	Zinsen zur Finanzierung Anlagevermögen
2116	7351	Zinsen, Aufwendg. verb. UN z.T. n.abz.

SKR03	SKR04	Kontenbeschriftung
2684	7142	Zinsertrag Abzinsung Rückstellungen
2683	7141	Zinsertrag Abzinsung Verbindlichkeit
2653	7107	Zinserträge § 233a AO, § 4/5b EStG stfr
2658	7106	Zinserträge § 233a AO, Anlage A KSt,stf
2657	7105	Zinserträge § 233a AO, steuerpflichtig
2688	7128	Zinserträge Rückzahlung KSt-Erhöhg. §38
3850	5840	Zölle und Einfuhrabgaben
4808	6475	Zuführung zu Aufwandsrückstellungen
4639	6629	Zugaben mit § 37b EStG
1559	1399	Zurückzuzahl. Vorsteuer, unbewegl. WG
1529	1377	Zurückzuzahlende Vorsteuer §15a Abs.2
1557	1397	Zurückzuzahlende Vorsteuer, bewegl.WG
4155	6075	Zuschüsse Agenturen für Arbeit
2387	6395	Zuwendg. an Stiftg. gem. § 52/2/1-3 AO
2388	6396	Zuwendg. an Stiftg. gem. § 52/2/4 AO
2389	6397	Zuwendg. an Stiftg. kirchl./rel./gemein.
2390	6398	Zuwendg. an Stiftg. wiss./mildt./kultur.
2381	6391	Zuwendg.Spenden wissensch./kult. Zweck
1840	2250	Zuwendungen, Spenden
1940	2650	Zuwendungen, Spenden TH
2384	6394	Zuwendungen,Spenden an politische Partei
2383	6393	Zuwendungen,Spenden kirchl./rel./gemein.
2382	6392	Zuwendungen,Spenden mildtätige Zwecke
2380	6390	Zuwendungen,Spenden steuerl. n. abziehb.
1460	1240	Zweifelhafte Forderungen
1461	1241	Zweifelhafte Forderungen (bis 1 Jahr)
1465	1245	Zweifelhafte Forderungen (g. 1 Jahr)

Im Fachverlag für Steuern und Recht GmbH, Weinheim sind von Dipl.-Kfm. Elmar Goldstein bislang folgende Bücher erschienen:

- *Anlagenbuchhaltung kompakt*
- *Inventur kompakt*
- *Abschreibungs-Tabellen*
- *Die Steuerberaterrechnung*
- *Kontierungstabelle für die Vereinsbuchhaltung*

Weitere Bücher sind im Haufe-Lexware Verlag, Freiburg erhältlich:

- *Richtig Kontieren von A bis Z, Bestell-Nr. 1134*
- *Schnelleinstieg in die DATEV-Buchführung, Bestell-Nr 1135*
- *Belege richtig kontieren und buchen, Bestell-Nr 1170*
- *Lienig: Praktische Buchführung für Vereine, Bestell-Nr 7019*
- *Jahresabschluss - leicht gemacht, Bestell-Nr 1136*
- *GmbH-Jahresabschluss leicht gemacht, Bestell-Nr 6179*
- *Jahresabschluss der Personengesellschaften, Bestell-Nr 11001*
- *Betriebsausgaben von A bis Z, Bestell-Nr 1034*
- *Betriebsprüfung im Unternehmen, Bestell-Nr 3084*

Platz für Ihre Notizen: